大曲小曲落玉盘
——中华传统工艺董香酒文化

肖顼洪　郑宪玉　著

吉林大学出版社

·长 春·

图书在版编目（CIP）数据

大曲小曲落玉盘：中华传统工艺董香酒文化 / 肖顼洪，郑宪玉著. -- 长春：吉林大学出版社，2022.10

ISBN 978-7-5768-0843-8

Ⅰ．①大… Ⅱ．①肖… ②郑… Ⅲ．①酒文化－研究－中国 Ⅳ．① TS971.22

中国版本图书馆 CIP 数据核字 (2022) 第 194265 号

书　　名　大曲小曲落玉盘——中华传统工艺董香酒文化
　　　　　DAQU XIAOQU LUO YUPAN——ZHONGHUA CHUANTONG GONGYI DONGXIANGJIU WENHUA

作　　者　肖顼洪　郑宪玉　著
策划编辑　许海生
责任编辑　许海生
责任校对　高珊珊
装帧设计　丁　岩
出版发行　吉林大学出版社
社　　址　长春市人民大街 4059 号
邮政编码　130021
发行电话　0431-89580028/29/21
网　　址　http://www.jlup.com.cn
电子邮箱　jdcbs@jlu.edu.cn
印　　刷　北京楠萍印刷有限公司
开　　本　787mm×1092mm　1/16
印　　张　16.25
字　　数　230 千字
版　　次　2022 年 10 月　第 1 版
印　　次　2023 年 3 月　第 1 次
书　　号　ISBN 978-7-5768-0843-8
定　　价　198.00 元

　　将中药溶于酒中，见于现存最早的中医理论著作——成书于春秋战国时期的《黄帝内经·素问》。其中就有："上古圣人作汤液醪醴""邪气时至、服之万全"的论述。酒素有"百药之长"之称，"医"字古人写作"醫"，从"酉"，酉者酒也。将作为饮料的酒与治病强身的药"溶"为一体的药酒，不仅具有配制、服用简便，药性稳定，安全有效的优点，更因为药借酒力、酒助药势而充分发挥效力，提高疗效。但这种酒属于配制酒。中国人使用药酒有三千年的历史，然而用中药入曲酿酒始于西汉。百草入曲，即引天然本草植物融入酒曲，是我国古老而传统的酿酒方式。据长沙马王堆西汉墓中出土的帛书《杂疗方》记载，西汉初年就有酿酒加入药材的工艺，但那个时期还没有蒸馏酒。

　　现代考古发掘发现，金代才有蒸馏酒。至明清时期，蒸馏酒的小曲中加入种类繁多的中草药，成为这一时期的特点。明《天工开物》中说："其入诸般君臣与草药，少者数味，多者百味，则各土各法，亦不可殚述。"这种传统做法一直延续至现代。然而引本草入曲的工艺繁琐复杂，且不成熟，更主要的是酿造成本的提高，使用者寥寥。到了近代，贵州遵义酿酒师程明坤先生把这个工艺完善并发扬光大。程明坤（1903—1963），字翰章，贵州遵义人。程氏祖籍江西，入黔已十五代人，其以酿酒为业的家史最少可追溯到上五代人，均以酿造贵州小曲酒工艺酿造包谷酒，采用无药曲和有部分中草药参与的小曲进行酿造，世代相传，技艺娴熟，程氏作坊酿出的包谷酒在当地颇有名气。程明坤在继承家族传统的包谷酒酿造工艺的基础上进行了改良，采用双醅双窖和复蒸工艺，于1929年酿成老窖酒，该酒在酿造过程中用140多种草药入曲，使酒的风格独特，远近闻名。1942年更名为"董公寺窖酒"，即"董酒"。

董酒在民国末期停止了生产。1957年，贵州轻工业厅拨款，由陈锡初牵头，程明坤重操旧业，在遵义酒精厂试制成功。在王淑岑、方长仲、贾翘彦等酿酒人的努力下董酒得以凤凰涅槃，1963年首次参加全国评酒会就获得了金质奖章，成为国家名酒，并在第三、四、五届上蝉联名酒称号。在20世纪90年代中期，因酒厂产权变更等各种原因，董酒陷入低迷，在很多地区董酒甚至销声匿迹了，普通消费者对董酒不甚了了。笔者醉心酒文化多年，偶然得到一批董酒厂旧纸品。其中有该酒厂刘平忠、王媛珍等人整理的厂史资料；蔡灿丽整理的董酒传说；总工程师贾翘彦的工作资料；董酒厂早期文件、照片等等。而后又得到遵义收藏家江远和尹玉林先生惠让的早期董酒酒标。在此对他们一并表示感谢。更有幸结识了广西白酒收藏家肖项洪先生，他对董酒的认识异乎寻常，对董酒的收藏褒然居首。我们本着对董酒热爱，精诚合作，历时两年搜集资料，访问董酒厂老工人，咨询白酒专家等，终于编辑成书，只为把真实、详尽的董酒介绍给广大董香爱好者。

是为序。

郑宪玉

2021年12月10日

目录 Contents

第一章　概述

当前学术界的共识是，经蒸馏而成的中国白酒，始自元代，迄今约700年。这七个世纪中，名酒层出不穷、各呈异彩、争芳斗艳。新中国成立后，经五次全国评酒会评比，共有17种和58种白酒分获国家金奖奖章和银质奖章，俗称"十七大""五十八优"。这75种名优酒中，董香型白酒的典型代表董酒最为特别：工艺精湛、风格典型、品质优良。自第二届全国评酒会参选以来，均获金奖。

一、董酒的独特工艺

国家名酒几乎都采用大曲酿造，唯独董酒大小曲并用。具体是，采用优质高粱为原料，纯粮固态发酵。大米、小麦分别制成小曲、大曲。以小曲小窖制酒醅，大曲大窖制香醅，酒醅、香醅串蒸或复蒸而成。20世纪70年代末，其工艺经改良后简称为"两小两大，双醅串蒸"。大小曲均添加有中药材，其中小曲添加了95味，大曲添加了40味。这些中药材中，有著名的以八大香料药为核心的芳香类药材；有壮阳、滋阴类药材；有补气、补血类药材；其中还有虎胶、虫草等名贵药材。这些药材在制曲过程中，能抑制杂菌生长，利于有益菌种繁殖并被其利用，促进糖化、发酵。其复杂的香气成分，也能经发酵蒸馏带入到酒中，极大地丰富了其风格特征。董酒的窖池是用当地的白墡泥、石灰和洋桃藤汁等筑成，偏碱性。传统董香型白酒的蒸馏是采用两次复蒸法，即第一次蒸馏小曲小窖里面的酒醅取酒，第二次蒸馏大曲大窖里面的香醅增香。第二次蒸馏所用的锅底水，是第一次所取的小曲酒降度而成。两次蒸馏均掐头去尾，杂质去除相对彻底干净。

二、董酒的独特风格

董酒精湛的工艺造就了董酒独特的典型风格，既有大曲酒的浓郁芳香，又有小曲酒的绵柔醇甜，还有微微的、淡雅舒适的药香和爽口的微酸，协调丰满。其特点为"酒液清澈透明，香气幽雅舒适，入口醇和浓郁，饮后甘爽味长"。20世纪80年代，经贵州省轻工科研所初步探明，董酒含各种酸、酯等微量成分达100余种。其香味成分与其他名酒不一样，具有"三高一低"的特点：丁酯乙酯、高级醇、总酸含量较高，是其他名酒的2~5倍，乳酸乙酯含量则在其他名酒的1／2以下，酯香、醇香、药香是构成董酒香型的几个重要方面。董香香气复杂饱满，是中国各香型白酒中翘楚者。本书作者之一肖项洪于十余年前总结中国各香型白酒同场品饮的顺序为"清米浓酱，压阵董香"，现已几乎成为酒友中共识，特别是传统工艺酿就的董香型白酒，尤为如此。

▲董酒厂酿酒车间大窖

三、董酒的独特由来

现在所有的名优酒中，董酒从问世至今的历史最为短暂。但正因历史短暂，所以传承有序，脉络清晰。其他名优酒其始创人或集大成者均不可考，细细追溯起来，往往只能说是广大劳动人民群众集体智慧的结晶。或者在该型白酒工艺成熟小有名气后，奉颇具规模或影响的厂家为源头。但董香型白酒不一样，由遵义董公寺人程明坤先生所创，工艺在1929年大略定型，第一批具典型风格的产品也在该年上市畅销。初创，依黔地以产地命酒名旧习（如茅台烧春等），因出自董公寺，故称董公寺窖酒。至1942年，取其头尾各一字，改为董酒。程老先生以一人之力，创中国白酒一大流派，居"八大"名酒中一席，为后世"十七大""五十八优"所仅有，颇为传奇。

四、董酒的独特文化

1983年，轻工业部将董酒生产工艺、配方列为科学技术保密项目"机密"级。1996年后，科学技术部、国家保密局先后两次重申这一项目为"国家秘密"技术，对外可参观，不介绍、不拍照，严禁对外做泄密性宣传，保密期限为长期。这在中国白酒中绝无仅有。董酒先后斩获多种荣誉。1961年、1986年，董酒被评选为"贵州名酒"。1963年、1979年、1984年、1989年，全国第二、三、四、五届全国评酒会上，均被评为中国八大名酒之一，获金质奖章。1988年，被评为中国文化名酒，获首届中国食品博览会金奖。董酒独特的魅力让无数文人墨客为之倾倒。1984年冬，九十高龄的全国人大常委会副委员长胡厥文品尝董酒以后欣然挥毫题了三十个字："今日初尝董酒，饮之而甘，其晶莹馥郁，莫与伦比，诚佳酿也，列为名酒，谁曰不宜。"全国政协副主席茅以升、缪云台、杨成武，中顾委委员伍修权，著名书法家、中国国际友好联络会理事、中国书法家协会常务理事李铎，中国书法家协会理事米南阳、李文新，著名书法家刘炳森，书画家李燕、胡洁清，全国政协委员、著名老作家姚雪垠，著名经济学家许涤新，等等，也纷纷题词写诗、挥毫作画，赞扬董酒的神韵。董酒的包装也比较特别，风格明显，新颖高雅，融民族特点和现代特色一体。如其经典八角瓶，暗合传统文化阴阳八卦之意，在酒类包装中别开生面、独具一格。多次荣获包装装潢奖，如1992年荣获国际"世界之星"奖。1980年至1990年期间，董酒产品慢慢形成三个系列：一是容量系列：500ml、250ml、125ml、50ml；二是礼品盒式系列；三是豪华型包装系列，都各具特色、辨识度高。

▲董酒系列产品

第二章　解放前的董酒

第一节　董香发源地——酒乡遵义

董酒产于"中国历史文化名城"遵义，董酒也曾被命名为"中国历史文化名酒"。名城与名酒以"历史文化"紧密相联，渊源深远。董酒之所以能够由遵义人程明坤先生在遵义始创，与遵义历世累积的酿酒技术及与之相关的文化，有着不可分割的关系。

遵义历史悠久，据史料记载，可追溯到战国时代。战国以前的遵义，有"梁州南徼""鬼方"等说法，但至今史学界尚无定论。不过可以肯定，当时已经有一些古代西南边民部落生活在这块土地上。考古工作者在这一地域发现的"桐梓人"化石，是若干万年前确有人类在这一地域活动的实证。春秋时期，这里为邑国。秦朝实行郡县制，这里纳入中华统一版图，称邑县，隶属巴郡辖治。汉代划属牂牁郡。唐贞观十三年（公元639年）改名为播州。贞观十六年（公元642年）改名为遵义。"遵义"一词，出自《尚书》："无偏无陂，遵王之义。"

酒文化是人类文化历史长河中重要的组成部分。距今1~2万年，原始人类在生产生活中逐步发现并开始饮用含糖野花果的天然发酵品，即原始的花蜜果酒，有学者称之为"猿酒"。随着生产技术的进步特别是物质文化的丰富，先民们从粮食、畜奶贮存和果类堆积后自然发酵成酒的现象中得到启示，并经过长期摸索、实践，慢慢掌握了酿酒的原始技术。

遵义的酿酒史源远流长。大量的出土文物证实，新石器时代，即距今5000~6000年，遵义的先民已经能加工磨制石器，制造陶器，从事农业生产和饲养家畜。说明这一时期，遵义当地的生产有较大的发展，在物质方面，具备酿酒工艺萌芽的初始条件。据文献记载，两汉时期，遵义出现了供饮用的"药"。现代许多酒史专家和微生物学者认为那是一种用果类酿制的低度甜酒。近几年出土的这一时期的各种酒具，也旁证了当时酿酒业发展的状况。有学者甚至猜测"西南可能先有烧酒"。

大量史籍记载，魏、晋南北朝时代，当时的遵义地区村、户间主要有两种酒。一种是以草籽、杂粮加曲酿制的酿造酒。这种不经蒸馏，不用榨取的发酵酒，是古法酿酒的沿续，俗称"咂酒"。因以吸管饮之，边饮边咂嘴而得名。有些地方叫它"竿儿酒""咂嘛酒"等。宋人黄澈《恐溪诗话》、古文献《方舆胜览》等历史文献均有记载。这种酒因饮用方式和饮酒器具的不同而各地名称不一样，计有十余个酒名：炉酒、箫酒、杂麻酒、钩滕酒、钩竿酒、竿儿酒、咂嘛酒、琐力嘛酒、炉簏酒、咂酒。在《太平广记》等历史文献中均有记载。遵义名士杨慎专门写了一首饮咂酒诗："酝入烟霞品，功随曲蘖高，秋高收橡栗，春瓮发蒲桃，旅集三更兴，宾酬百拜劳，若无多酌我，一吸已陶陶"（《遵义府志》）。据文献记载，陕西、四川以此酒待客已是千岁以上之祖风。遵义毗邻四川，受此风之影响，以此酒款待客人，婚丧嫁娶都少不得它，历代名人雅士更是时以酒聚会，填词吟诗，以酒助兴。至今在西南各地少数民族，特别是苗族中仍然保留了这一古老的酒种。

另一种是以大米或玉米生产的甜米酒，亦名醪糟。这一酒种现今保留的地方就更加多了。从酿酒技术上，这两种酒都以"双边发酵"（又称复式发酵），取代了原始的单边发酵（又称直接发酵），无疑是进步。改善了口感，提高了酒度，规范了工艺，这是西南酒史发展中一个重要的里程碑。以这两个酒种为主体发展起来的各边地少数民族的其他酒种大同小异。有的以装酒器皿取名，如苗族的"牛角酒"；有的以原料或加入材料取名，如青苗（苗族的一支）的"橘子酒"。

遵义出土的汉代文物中有提梁罐、永元罐、铜耳杯、铁耳杯、漆耳杯等酒器，其容积有小有大，数量很多。小酒杯可能用来饮蒸馏酒，大杯则饮咂酒或米酒。这一时期蒸馏技术虽然已出现，但由于技术复杂，耗粮耗时，还

▲杨慎

没有普遍采用，蒸馏酒产量小，只能是重大活动或上中层人士的奢侈品。

唐代，是我国南北地域几乎同时出现蒸馏取酒技术的重要时期，"中国白酒多处起源论"也多认为这一时代为重要基础期。李时珍《本草纲目》记载了北方取酒情况："烧者，取葡萄数十斤，同大曲酿榨，取入甑蒸之，以器承滴露，红色可爱。唐时破高昌所得。"《西南彝志》记载这一时期南方蒸馏技术时称："酿成醉米酒，如滴露下降"。《西南志》第十五卷《播勒土司，论雄伟的九重宫殿》，在论述隋末唐初这件事时曾说："酿成米酒，如露水下降"。这就是简单的蒸馏酒工艺的记载。北宋时期张能臣《酒名记》，载有驰名的磁州（今遵义习水土城）名酒——凤曲清酒，是一种大曲酒。

1954年，在遵义出土的宋代酒器"铜壶"，形如瓶，高圈足，口沿饰弦

▲贵州地区苗族牛角酒

纹一道，长颈，颈腹间饰弦纹三道。考古研究认为，此种酒器在宋代流行较广，后来在遵义又有发现。1957年，在遵义出土了一块宋代青石浮雕石刻，高104厘米、宽120厘米。石刻浮雕图案为重斗拱庭台建筑，屋檐以外空间配设一枝古树，枝叶繁茂，有一展翅飞鸟栖息。庭内刻侍女十人，头部发式为椎，着短衣，褶相曳地，构图生动，姿态各异。雕刻技艺精湛，画面引人入胜，为贵州宋代石刻之佼佼者。碑中人物健壮丰满，除一人空手外，余者均捧与酒有关的器物。这块后命名《备宴图》的石刻，俨然有佳酿飘香之趣，可窥古人饮酒设宴习俗一斑。

元明之际，蒸馏技术逐渐被更多人认识和采用，文献记载"一切不正之酒，经蒸馏可得三分之一好酒"。同时，这一地域出现了专业酿酒作坊。酒坊的出现，促进了技术分工和技术专业化。专业化和分工又促进了酿酒业的相互竞争和发展。一些酒坊改进了哑酒复杂的原料，使用玉米或高粱单一粮食，发酵后蒸馏取酒。长期积累，慢慢总结出一套质量稳定、产量可观的工艺。大概在这一期间，贵州小曲酒应运而生。

贵州小曲酒的原料主要是玉米，部分使用高粱。关键是小曲，又称米

▲宋代铜壶

▲宋代石刻备宴图

曲,以大米制作,加入一些中草药,经接种而成,可以阳光下翻晒(便于贮存)。在酿酒过程中,采用固体蒸煮、糖化(加小曲)、发酵(再加小曲)、蒸馏、掐头去尾、贮存、勾兑等工艺。

清末,遵义酿酒业发展很快。经反复实践、积累沉淀,小曲酒酿造工艺趋于成熟。而成熟往往是"衰落"或"更兴"的开始。在小曲酒的基础上,经反复摸索、实验和总结,经改进小曲,增加大曲,增加窖池产香。终于在民国年间,由程家人在小曲酒基础上始创,酿出了别具一格的董公寺窖酒。甫一面世,就以它独特的风格风靡于贵州各大城镇,并在川、湘、滇、桂一带颇具影响。

第二节　董香小环境——董公寺镇

　　董酒的创始人姓程，不姓董。其之所以得名董酒不是因人，而是因地。贵州盛产名酒，酒名多取自产地。如茅台酒，产自原茅台村，习酒出于习水镇，鸭溪窖酒源自鸭溪镇，等等。董酒之名因其产于董公寺。董香能够诞生于此，与董公寺镇的风土小环境关系高度相关。

　　董公寺，位于遵义市北部娄山关南麓，距市中心6公里。民国所称的董公寺，其地理范围大部与现在遵义市汇川区董公寺街道办相重合。东邻红花岗区新蒲，南接汇川区高桥，西连红花岗区海龙，北傍汇川区高坪。

　　董公寺镇镇名源自一座小型佛教寺庙——董公寺。董公寺初建于明朝万历年间，始名"龙山寺"，后更名为"西乐庵"。清朝康熙元年（公元1663年），董显忠迁任遵义兵备道（据《贵州通志职官表四》记载：董显忠，章邱人，阴生，以镶黄旗副将迁任遵义兵备道）。董在副将任上曾许愿，如升官将塑菩萨金身，重修佛寺。后董显忠由副将升为兵备道，到遵义上任后出资将西乐庵重修。计有六座大殿、两座偏殿、四间厢房、两间厨房。另划拨28石田地作庙产。当时主持善经营，另用余钱置办农具租给乡民，租金以

▲原董公寺正殿，改为学校后可容纳两个班级

粮、银钱折交，庙产日丰。每遇荒年，多煮粥施善，以济灾民，颇积善德。寺庙周围都是松树、柏树，大者需两人合抱。后因寺庙的监理人监守自盗，香火衰落，西乐庵渐渐墙倾瓦塌、破败不堪。

清乾隆六年（公元1743年），有燕僧云游至此，募资重修。众人感原董显忠修寺庙兴佛善德，遂将"西乐庵"易名为"董公寺"。但寺庙中无董公塑像，供奉观音大士等诸位菩萨。庙中和尚多时七八人，十分兴旺。除原庙产外，加上香客新捐的地和买下的庙产，最多时寺庙土地达到40石。还新置办大铁锅、大甑子、大簸箕、大盆等，供乡民红白喜事租用。付不起租金的贫困者，可以以工抵债。置办的围席、大席子等，每逢秋收总是租借在外，收益颇丰，寺庙香火也日渐兴旺。寺庙两旁修建的房屋也逐渐增多，形成集镇。渐渐大家以寺名为地名，一直沿用至今，原地名永顺场为人所淡忘。辛亥革命后，时任主持云游未归，庙里管事懦弱。个别刁蛮乡民见有机可趁，借东西不归还，甚至抢占庙地。僧人告到官府，官府大事化小、小事化无，不了了之。香客也越来越少，兴旺不再，寺庙便逐渐衰败起来。一日厨房失火，乡邻奋力扑救，也只保住下殿偏殿。寺庙从此逐渐凋零，剩余和尚一走了之。解放前废弃的董公寺曾做过兵站，堆过部队草料。解放前后改为北关学校，开设有小学和初中。

董公寺镇地处大娄山脉东南山麓，为独特的地形单元——断陷山间盆地。从地貌形态上可分为浅切割低中山、丘陵和盆地。受大娄山脉庇护，董公寺镇局部小气候宜人，植被丰富，属中亚热带湿润季风气候，冬无严寒、夏无酷暑，雨热同季，无霜期短。气候温和，有利于微生物繁殖，为酿造名酒不可或缺的天时。地下水系丰富，深层的有基岩裂隙水，浅层的有岩溶水和孔隙水。泉水出露点多，具规模的有原酒精厂（现和平村）、白岩洞、龙洞湾等十几处。境内碳酸岩分布广，地下水矿物质含量高，水质优异。中国传统白酒酿造中有水为酒之血的说法。各大名酒，也各有名泉或优质水源。境内土壤中石灰土分布广泛，分为2亚类7属23种。该类土壤盐基饱和度高，pH值多为7.5～8.5，呈中性至弱碱性，土质黏重，结构良好。董香型白酒的窖池和其他白酒特别是和浓香型白酒不一样，是碱性。当地的这一土壤特性

▲遵义市董公寺镇卫星图

和水源条件，可谓其地利。董香型白酒在鼎盛时期，北至吉林，南到云南，均有厂家仿其工艺生产，但都形似而不得其神韵。投入再大，数年皆慢慢沉寂。除曲药异同外，上述得天独厚的风土小环境也是其中一个重要因素。中国优质白酒其实和高品质红酒一样，都受产地风土小环境影响很大，颇类"橘生淮南则为橘，生于淮北则为枳"。同样的情况出现在70年代，茅台扩产，迁一部分设备、人员，至距程家世居数公里的十字坡龙塘村。但投产后，无论如何恪守茅台工艺，质量始终不及茅台。至1985年，由时任国务委员方毅题词为"酒中珍品"。此即珍酒之名由来。

　　老董酒厂初建时选址为原程家老作坊所在地，坐落在遵义市区北郊7.5公里的董公寺镇（时为小集镇），厂区座标：东经106°30′，北纬27°50′。紧靠川黔公路和铁路，厂区东南一公里处为董公寺火车站。董公寺镇地处云贵高原的东斜北部，位于延绵数百里的大娄山山脉南面，距主要天险娄山关仅40公里。大娄山山脉不仅是乌江、赤水河的分水岭，也是山脉北面和南面地形地貌的分界线。大娄山北面以中山峡谷为主、山高谷深，地形十分复杂。南面则以低山丘陵和宽谷盆地为主，较为平坦，地表相对起伏不大，高低差一般不超过500米。

董酒厂就建在大娄山南面的谷地丘陵平坝区内，厂区海拔在882～910米之间，比遵义市平均海拔860米还高出22米。厂区基本上为平地，一般坡度小于3％。大部分土质呈微酸性，pH值为6～5。浮土下面的基岩构造简单，为二叠系下的栖霞组和茅口组：栖霞组主要为中厚层深灰或灰黑岩；茅口组为厚层或中厚层浅灰色石灰岩。基岩层呈单斜状倾向东北，倾角10度左右。20世纪80年代，地质部门钻孔探测发现有古老断层，但胶结甚好。近代地质时期无复活迹象，地震力度小于6度，具有一定的稳定性。由于大娄山山脉作屏障，董公寺一带局部小气候较为稳定，冬无严寒、夏无酷暑。这里1月份最冷，平均温度4.2摄氏度。最低温度为－7.1摄氏度。7月份最热平均温度25.3摄氏度，最高温度37.7摄氏度。历年平均气温15.2摄氏度。

此处阳光明媚，雨水充足。年平均降水量在1000～1100毫米左右，雨量集中在5—10月。这几月的降水量占全年降水量的76.3％。历年平均相对湿度为81％。全年无霜期为280天。大气压91.79～93.33千帕。常年主导风向为东风，最热的7月份，风向为东南风。最冷的1月份略有西北风，但时间极短。据资料记载和近几年实测，冰冻深度一般在5厘米，地温最低为4.9摄氏度。这里气候总特征是：地处中亚热带季风气候湿润地带，四季分明，雨热同季。从热量上看，属于北亚热带气温，冬季温暖，夏季湿热。地处贵州高原，海拔较高，夏季较为凉爽。这样的条件，最适宜各类微生物生长繁殖，为酿造名优酒得天独厚优势。

枧槽河，是董酒主要酿造用水。枧槽河河床标高880～885米，水源源头在厂区西南8千米的严家沟，属雨源性发源点。在严家沟往厂区走向300米的水口寺（地名）是主要水源点，属稳定型。这里地下水丰富，地下水经泉眼（当地叫水口、水眼）多处喷水到地面。根据喷水形状、大小，当地人对泉眼有种种称呼："珍珠泉"是喷水不成股，而是像千万颗珍珠样；"龙眼泉"是水成圆凸形，形如龙的眼睛，有棱有角，喷水口在其中圆而突出，所以有"水眼"之称，等等。沿途则有王家沟、张家沟、毛粟沟等多处的喷泉

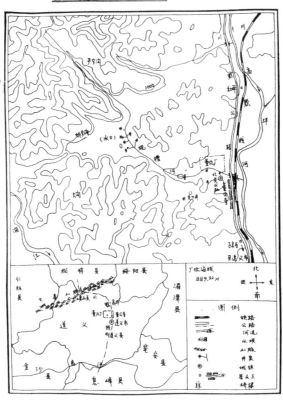

▲董酒厂水源流经、地理位置图

水汇聚入河顺流而下，各源点至厂区段无任何污染源。当地农民有酒厂废糟作农家肥，很少使用化肥。

河水晶莹清澈、滋味甘甜爽净、馨香入脾，是董酒造用水水源之一。其水质属HCO_3-Ca型，pH值7.1，侵蚀性CO_2为0.000毫克/升，CO433.60毫克/升。HCO4.36毫克/升，这种水用以沏茶不生垢，是优良的地下水，符合国家饮水标准。

随着生产规模的扩大，引用部分地下水和地面水，地下水以钻探打井吸引，地面水主要是高坪河水和北关乡水库蓄水；引用的水及其水质均符合国家饮水标准，深井水水质与枧槽河水水质相差甚微。

▲枧槽河

▲董酒厂鸟瞰图

第三节   董香始创人——程明坤先生

　　元、明之际，今云南、贵州等地的烧酒办法，均系"一切不正之酒经蒸馏，可得三分之一好酒"而来。经反复实践与技术积累，至清朝年间，遵义酿酒工艺趋于成熟，各地小曲酒生产发展迅速。仅董公寺至高坪不到10公里的地带内，就有四五家酿酒小作坊，均以贵州小曲酒工艺酿造各种原料的小曲酒。在这些酿酒作坊中，以祖籍江西的程氏作坊所出的小曲酒酒质较为纯正，并世代相传。

▲程明坤（1903—1963）

　　程明坤先生（1903—1963），字翰章。程氏祖籍江西，至民国，入黔繁衍已至十五代。其中以酿酒为业，自程明坤先生起，最少可追溯到前五代。程氏几家作坊均采用无药曲或有部分中草药参与的小曲，酿造包谷酒。世代相传，技艺娴熟，质量上乘，在当地颇有名气。

　　程明坤先生共有五弟兄，其年最少，在弟兄中算么兄弟，小时人皆称之为程老么。酿酒成名后，人称他为程么爸。同辈人少有人叫他的小名或学号的，习惯称其表字，叫他程翰章，后进入董酒厂工作亦是如此。其父程恩龙早丧，他与四哥程锡儒先生住在一起，十分勤奋好学，从小参与小曲酒的酿造。业余时间好读医药书籍，能问病开药方，可以治疗一般常见病，但不善切脉。平生无其他嗜好，酒量甚微。程明坤身高1.6米左右，其貌不扬，中年后背微驼。他一生为人谨慎，说话细声细气、温文尔雅。与乡邻关系融洽，平易近人，但做事十分认真，善于理财，生活却很节俭。

　　数代人积累的酿造技艺从小影响着程明坤。长大后特别是随着医药知识的积累，程明坤对酿酒开始有自己的想法，已经不再满足家族几代人传承的小曲酒酿造。二十出头的他向四哥程锡儒提出要研制窖酒的想法，开明的四哥不仅赞同，还答应从经济上予以援助。翌年，程明坤全力投入了窖酒的试制。

程明坤首先从酿酒原料开始，经过比较，他采用产自松坎、山盆、观音寺一带的本地产高粱。这种高粱薄皮多粉，颗粒饱满。在窖酒试制成功后，他曾在董公寺地区引种，试图建立窖酒原料自给基地，但由于气候及土质条件差异，试种的高粱有相当一部分空壳无籽而未能如愿。

选好原料后，程明坤开始在制曲上下功夫。当时董公寺一带数家酿酒作坊只酿酒，所需曲大都要到黄平县一带购买。雇人或自去，往返半月，十分不便。加上各批次曲质量不一致，出酒不稳定。程明坤经虚心求教于人，广泛收集制曲配方，终于能自制米曲，解决了这一痛点。后来一位姓高的黄平人迁居董公寺专门做酒曲卖，随后当地又陆续出现了几家制曲的作坊。但曲的质量优劣不等，酒的产量高低不定。此时，程明坤的酒坊因曲已能自给，并未受到影响。几年后，程明坤的酒坊不论在产量还是酒质上都遥遥领先。而董公寺、刘家坝一带古德洲、钟德章等数家酿酒作坊经不起反复折腾而日渐凋零先后关闭了。

在掌握普通小曲制作后，程明坤开始对小曲中添加的中药感兴趣。认为其中的药是曲的精髓，对于小曲酒的产量、质量和风格有独到的影响。于是尝试改进和加大普通小曲里中草药的品种和分量，试制自己的药曲。一开

▲董公寺镇

始多次失败，据其后来在董酒厂工作时向身边的人回忆，当时做坏的曲药连猪都不吃，只能用来肥田。可倒到田里后，田泥翻泡，异常肥沃。秋后别人的田里一片金黄，可他家田里仍是碧绿一片，光抽条不结籽，颗粒无收。尽管四哥并未责怪他，可他却是茶饭不思。他暗自下定决心，一定要把曲药做成。一次机缘，程明坤从一位姓谷的师傅那里得到了一个用大米酿造小曲酒的中草药配方。程明坤按此单制曲后，尝试酿造高粱酒。但因原料不同，高粱和大米的发酵条件不一样，未能成功。后来又经一些制曲师傅和老中医的指点，程明坤对其中的药进行增减，并在发酵过程中增加曲的用量。反复试错，逐步完善，终于酿制出了别具风格的高粱小曲酒。

当时在遵义城内，茅台酒、四川泸州老窖等名酒都有销售。程明坤的小曲酒虽然与别的作坊小曲酒比，质量要胜出一筹，但在这些名酒面前，小曲酒先天的弱点就暴露无遗，显得香气不够浓烈，酒体单薄后味短。程明坤开始琢磨借鉴其他大曲的工艺，提高自己酒的质量。于是在家里开挖大窖，把烤小曲酒后的酒糟再次入大窖发酵。用小曲酒做锅底水，第二次蒸馏大窖里的酒醅，借以增质提香。但一开始用米曲下窖后，增温快，酒醅很容易发酸变臭，烤出的酒不仅腥臭而且窖泥味重，达不到产香目的。一次他在吃面时，突然想到其他很多名酒都是用小麦制曲，自己何不也试试？他找二哥程明典（1876—1942，字念五）谈了自己的想法，想利用小麦性温平的特点制大曲。二哥支持他试一试，于是他改用小麦制曲，在制米曲的药方中加入几味香味药，并对其他药材进行增减，几经反复，在1926年终于制成了下窖产香的麦曲。他把配方取名为"产香单"，将麦曲取名为"产香曲"（即现在的麦曲）。

程明坤对于用粮糟（酒糟、红糟）下窖再发酵产香的时间要多长也作了多次对比试验，两个月、三个月……，开窖观察，烤酒试验，最后确定半年开窖为最好。功夫不负有心人，经过几年的艰苦努力，1929年底，窖酒问世了，这就是初期的"董酒"。其味醇和软绵，尾子干净，饮后不燥不热，具有浓郁的药香。试销中，附近老百姓很快就接受了它的独特风格，认为是一种好酒。但也有人提出说窖泥味让人受不了。程明坤在得知后，又着手改进窖池结构，一开始的大窖是用石灰泥巴加河沙打的窖壁和隔墙，俗称"三合土"。程明坤在《黔书》上看到这样一段记载："羊桃藤………用此汁以合石粉胶漆不霉也。"得到启发，改用石灰、白胶泥加猕猴桃藤之汁混合改建窖壁。窖壁改造后的酒质有所改善，窖泥味变成了窖底香。

试酿中，程明坤对每一个环节都十分严谨、细心。从选用原料到浸泡、蒸煮、糖化、发酵、烤酒、下窖……他都亲自操作。特别是用曲量更严格把关，有事外出，也要将曲药称量好，并反复向雇工讲清楚。曾有一段时间，他的产量总比二哥家的少。酿造条件都一样，为什么出酒会少呢？程明坤反复观察仍找不到原因。直到有一天，他把自己称药曲的秤拿出与二哥的进行比较，这才发现自己秤大了五钱。再次称曲时，他尝试着每种药减去五钱。等再出酒时，酒的产量明显提高。这也促使他以后在配制米曲和麦曲时，对于每种名贵中药都反复尝试，找到最佳用量，并严格遵照执行。这件事直到他晚年在董酒厂工作制曲时，还不断讲述给身边的工人听。

程明坤的酒是新品种，特别是用了不少名贵中药，成本高，相应售价也高。要得到大家的认可，并不容易。刚开始销路并不好，程明坤于是在遵义城内开坛品评，先尝后买。"是金子早晚要发光的"，半年后，程明坤的酒名气大振，遵义城里的人都纷纷称赞，很快成为十分畅销的"遵义名酒"。销售点增加到不下20家，遍布老城、新城，连饭馆、面馆也争相卖他的酒来招揽食客。人们把程明坤的窖酒称为"董公寺窖酒"，销售价格从试销时的每斤散酒0.5银元增到0.8银元，而后涨到1.2银元。随着酒的畅销，收入也日增，原来因试制酒投入造成的窘迫不再，家里先后开设了榨油、织布、纺线等作坊，并置地数十亩，置办了牛车、马车等生产工具，聘请数十人帮工。

虽然富裕了，但程明坤对窖酒工艺的改进和完善并没有停止不前，仍然不断改进和完善。约1932年，程明坤骑上一头骡子经蔡家坝前往茅台，实地考察了"华茅"（即成义酒坊）、"王茅"（荣和酒坊）、"赖茅"（即恒兴酒坊）等三家生产茅台酒作坊的酿造工艺。程明坤认为茅台酒在操作上太麻烦，投资大，自己本小利微，无法相比。但很想引进一些茅台酒香醅做董公寺窖酒的母糟。但终因对方对茅糟控制很严，加上路途遥远，交通不便而未能如愿。但这次考察，也让程明坤获益不少，他从茅酒生产工艺中"糙沙"得到启示，回来后采用了"堆积发酵"工艺，并将自己窖池中发酵产香较好的香醅作母糟又返回窖中，使优良菌种扩大培养，循环往复，使酒的质量保持稳定，产量逐年扩大。

1942年，程明坤的一位表亲，时任高坪区区长的伍朝华（1910—1981）提议："茅村出茅酒，董公寺出的酒，就取名叫董酒吧"。程明坤欣然同意，并说城里人都嫌"董公寺窖酒"名字长，不顺口。现在取名叫"董酒"，就是"董公寺窖酒"头尾二字，既有出处，又朗朗上口，好！从此"董酒"便叫开来。

遵义城里南来北往的客人吃过董酒后俱依依不舍，都希望能把董酒装瓶购走。程明坤采纳了这个意见，以特制陶瓦瓶装董酒，瓶口以猪小肠衣洗净风干剪块，用细麻线捆扎。董酒瓶装在董公寺零售价为1.2银元。便于携带的董酒随着过往遵义的客商流往各地，董酒便逐渐在川、黔、滇、湘、桂流通，成为遵义地方名产之一。那时的年产量在5～7吨之间，从未突破过8吨。

董酒成名后，给程氏家族带来了可观的经济效益。1944年已经41周岁的程明坤已经到了"成家立业"的年龄，便与四哥分家自立门户。分家后程明坤通过董酒的收入，先后开设了榨油坊4个，织布纺线作坊1个（有人力织布机2台），酒坊3间（21个小窖池，2个大窖，后建4个大石窖），置办了牛车10辆，马车10辆，先后购置田60亩，雇有30多人。

1946年，程明坤先生的侄子程某向程明坤提出要学烤董酒。程明坤不置可否，只说有董酒就有你卖的酒。又过了一段时间，程某见程明坤独家烤酒，配方秘不外传，生意红火，更加炉火中烧，于是公然提出要程明坤交出药单子，要烤董酒大家都烤，要

▲民国时期董公寺窖酒土陶瓶

▲董酒酿造

发财，大家一起发。其他作坊乘机起哄，但先后几次均遭到程明坤拒绝。程某恼羞成怒，终以武力相威胁。程明坤无奈，只好将制大曲的"产香单"和制小曲的"百草单"交出。

程明坤交出秘方后垂头丧气回到家中，长吁短叹，大病一场。后经亲友多次劝慰，这才振作精神，重新将药单整理，并把制小曲的"百草单"更名为"蜈蚣单"。

程某拿到药单后，踌躇满志，立即按单买药。他哪里知道程明坤交出的药单中还有几味关键性的药并未列入药单中，结果在制曲中屡遭失败。麦曲虽然制成了，可终因操作工艺不得其法，开窖后烤出来的仍是高粱酒。经过几番努力仍未见效，又不好再去相迫，只好作罢。但心中一股怨气仍消不下去，就到处谣传说："程明坤有啥了不起，他的药方是路过此地的一位茅台酒师送的，那酒师是四川人，生了病他给治好了，人家送他的"等等。其实，茅台酒和四川泸州特曲在酿制过程中都是无药曲，哪里有中草药配方呢？程明坤听之任之，不解释，只求没有变故。

然而，天有不测风云，人有旦夕祸福。1948年端午节前后，一连下了几天大雨，山洪暴发，四处涨水。程明坤家里为改进董酒窖泥味而新修的四个石条砌成的大窖灌满了雨水。在他家帮工，专管放牛的一个12岁的伍姓小孩，雨后的一个早上将牛放出后，便坐在石窖边上玩水，不慎掉入窖中溺

▲董酒酿造使用的中药碾子

死。时到午后，只见牛而不见人。程明坤到处找人，最后用竹竿在大窖池中将已死的小孩捞起来。这一下子轰动了乡邻。严家沟伍某与程明坤原有仇隙，于是趁机联结高坪伍氏家族出面认尸亲，说这个小孩儿是伍家远房侄儿，大肆声张，要求追责、赔偿。

高坪伍氏家族出面，大肆铺张，将已埋的小孩挖出来，重新操办丧事。遗骸用董酒浇淋，以防腐烂，仅此一项，耗去董酒1000多斤（1斤=0.5千克）。丧事所需之物，也令程明坤用黄包车拉钱到遵义城内随伍家的人购买，并以大棺木装殓。丧事操办期间，流水席上董酒不断，饮取随意，不知去踪。最后还赔偿小孩养育费500块大洋，9000斤菜油（折成钱）。此外程明坤又送上等董酒不少，大洋若干，外加呢子衣给法官等人，这事才得以了结。

在这场官司中，四处乡邻纷纷来看热闹，大窖池四边都被踩塌了，整个作坊处处遭到破坏，程明坤的董酒生产从此一蹶不振。事过不久，他家的另一放牛小孩掉在河中淹死。虽无人纠缠，但程明坤心有余悸，于是缩减人员，减少生产。不久，程明坤在收款回家路上被劫。后来案子虽破，但损失无法挽回，更加雪上加霜。此后不久又被人恶意指控盗伐坟山树木，遭受数十天牢狱之灾。内外交困之下的程明坤心灰意冷，关闭了董酒作坊和市内各销售点，所余董酒销到1949年初也所剩无几，从此董酒在市面上绝迹。

程明坤先生塑像碑记

程翁明坤，字翰章，董公寺人。程氏累世酿造，至先生已积五代，颇有盛名。先生素有鸿鹄之志，尽寻典籍，遍访名师。及弱冠，熟本草，悉岐黄，精造酿，遂立门户，潜心以制，寒暑数易，心血尽沥。1929年，秘成"产香单""蜈蚣单"，以140余味中草药入曲；始创大小曲、窖并行及复蒸诸技法，终成绝世名酿——董公寺窖酒。1942年，易名董酒。1957

年，先生慨然捐135味方，携子亲授原遵义酒精厂再造董酒。次年，总理办公室函嘱"恢复、发展"，其后四获国家名酒殊荣。

先生以一人之力，创中国白酒一大流派，居"八大"名酒中一席，为后世"十七大"和"五十三优"名优酒所仅有。其复蒸之法，亦为诸酒厂所用，惠泽四方。北京酿酒总厂即用于红星二锅头之提质增香。另窖泥、制曲等，亦极精妙。先生曲中用药之君臣佐使，酿造火水之阴阳调和，于器用间蕴中庸、法自然，其意深矣。先生事亲至孝，教子甚严，苛己宽人，视女若男，亦皆称师范。宗师之风，凛然自成！

余痴董香久，痛其没落深。数年前，得悉先生之嫡孙女程大平共其夫周增权等，二十余年来静居一隅、谨守祖训，用完整方，制老董香酒。夜有微星，薪火传承，令人不胜感喟！是为先生之传，拟或先生之魂欤？今先生之像立于此，董香为祭，四时不缺，先生之灵，亦可含笑而佑之矣！

肖分　谨撰于先生55周年忌辰

第三章　解放后的董酒

第一节　尘不蒙珠，董酒新生

　　1956年，遵义市财政局企财股股长简世宣与市税务局石仲书到遵义酒精厂，向厂长邓学汉、财务供销股股长陈锡初了解生产进度及税收计划完成情况。石仲书提到董公寺曾有一个好酒，但不知是哪家生产的。简世宣说："是程家搞的董酒吧？"陈锡初回答道："是程家搞的董酒，我早就想把它搞出来，一直力不从心呀！"简、石当即表态："我们支持你"。简、石二人回去后分别将准备把董酒引入酒精厂生产的设想向财政局、税务局领导进行了汇报。对酒精厂厂长邓学汉和财务供销股股长陈锡初的积极态度，和准备请程明坤来酒精厂当酒师、试制董酒的想法，财政局长罗德明当即表示支持和赞同，并要求简世宣将局里的意见及时转告酒精厂。

▲陈锡初（1932—1995）董酒厂第一任厂长

　　不久，简世宣、石仲书、陈锡初、邓学汉等四人来到董公寺程明坤的家里，说明了来意，邀请他到酒精厂当酒师，负责董酒的试制工作。但程明坤颇有顾虑，并不想去酒精厂工作，故以自己成分不好为托辞。此后，陈锡初又与简世宣两人三顾茅庐，多次找程进行说服动员，希望他出山重操旧业，为市政税增收添光添彩。同时，市财政局罗德明积极向市政府谢培庸市长、李舜卿政委汇报这一工作进展情况，地委组织部也派人参加了对程明坤的动员工作。

　　经反复做工作，程明坤终于打消了顾虑。1957年初，程明坤答应重操旧业。酒精厂及时向省轻工厅报告了这一项目上马的情况。省厅指示要抓紧进行试制。程明坤、陈锡初、简世宣、石仲书、邓学汉等人一起到董公寺原程氏酿酒作坊查看、选定试制董酒的地址。技术上全权由程明坤负责。由陈锡初、王正忠带领酒精厂部分职工将原程氏的大窖池清理出2个。市财政局首次拨款2000元用于试制董酒，购买高粱3500公斤（1公斤=1千克）。把杜仲林场苗圃站养猪房（约100平方米）改造为酿酒作坊，在煮猪饲料的灶上安上酿酒用具（木甑、云盘、天锅等）。由程明坤、王正中到茅台酒厂买来一解放牌卡车的丢糟，用来做下大窖用的母糟。程带上自己三子程正奎，找到原在程氏酿酒坊帮过工的徐必生、张相国共4人，于1957年7月投料煮粮，每酢100公斤，3500公斤高粱全部烤成高粱酒装坛存放备用。将烤过酒的高粱酒

▲董酒发酵池

糟全部配上茅酒丢糟，于9月13日下进大窖池。1958年2月11日，在各方面的督促下，程明坤同意提前开窖，将大窖中的经过再发酵产香的香醅装进木甑中，用高粱酒作底锅水（加水稀释）。经翻烤而得的酒芳香扑鼻，在场的人品尝后赞不绝口。程明坤也十分高兴，认为试制是

成功的，新酿出的酒较好地保持了解放前董酒的风格。

试制成功后，酒精厂于1958年2月13日灌装146瓶，附上征求意见表。分别报送市财政、市税务、市委、市政府等部门76瓶，省轻工业厅和中央有关部门70瓶。并向遵义市人民政府报喜。

综合收回的意见，总体评价是："味香醇、无杂味、色清、浓度恰当、不打头（不上头）、后味稍苦"。其中提到"后味稍苦"，这与生产周期短、存储时间不够有关。给周恩来总理的样品寄出两个月后，总理办公室复函："贵州遵义酒精厂：寄给周总理的试制董酒两瓶已收到，经过品尝，色、香、味均佳，建议当地政府予以恢复、发展。（国务院总理办公室〔印〕）。"

1958年3月，遵义酒精厂组建董酒车间，正式着手董酒生产。除程明坤负责技术外，其他主要由刚从部队转业的王明锐等牵头。车间设在董公寺，生产用房由林场拨出正房、左右偏房各4间共12间房屋。财政拨款2万元作为启动资金，初始目标是年产60~80吨董酒。但实际开始生产后，资金缺口比较大。部分建设项目，主要是大家利用休息时间，义务劳动来完成，这其中也包括厂部行政人员和家属。6月份，财务供销股股长陈锡初带领部分职工、家属，每天早出晚归，从酒精厂步行十余里到董公寺，在程氏作坊原址上修灶、挖窖。后由于进度较慢，同时也需要泥瓦工同步跟着建窖池。经王明锐联系，由遵义中南建筑队承担了挖窖池和修排水沟等。到当年10月，新挖大窖16个，加上原有2个共18个。另修好烤酒灶3个。林场拨出的12间房，主要用来做库房等。曲房是自己动手，买了一些木材、竹子、稻草等，建的4间土墙房。晾堂就更加简陋了，就近平整出一块地，用茅草等盖起来。刚筹建人少，就在林场苗圃站搭伙。后来人多了，又在正房山墙下搭了一个油毛毡偏房作为厨房。到

▲陈锡初带领工人及家属自力更生

年底，车间共有职工22人，生产用房共350平方米。车间22人分工如下：车间负责人王明锐，技术负责人程明坤；烤酒班10人，刘绍甫任班长；勤杂组10人，程正奎任组长，负责制曲、下窖等事项。当年共产董酒7.33吨。

董酒恢复生产后，用曲量慢慢变多。制曲的中草药配方仅仅程明坤一个人掌握，从来没有公开。具体配药时，也不让其他人参加，由他一个人配好后再交出来制曲。所用的药材，一部分是程明坤从家里拿来，还有一部分程明坤开出方子到医药公司购买。程明坤开方子很保守，开出的方子中有不少是重复的，有些名贵药材数量很大且不容易买到。为了董酒的连续生产和不断发展，陈锡初、邓学汉等人多次说服动员，程明坤先后拿出了三个中草药配方。大家不知道哪个配方是真实的或效果最好，也不好验证。市里知道后，李舜卿政委、谢培庸市长和侯如印部长等都抽出时间找程明坤做工作，并请程明坤加入政协，参加政协活动。董酒厂第一个大学生王淑苓将历次购买中草药的入库验收单汇总，将其与程明坤拿出的三个配方比对。同时厂里还召集了老工人座谈，根据生产实践总结验证。最后确定了一个新配方。程明坤对这个配方进行修改，最后定型。

配方解决后，程明坤一开始对工艺仍然很保守。他自编了一本《下窖操作要点》小册子，很少拿出来。个别工人曾看到过这本手抄的草纸小册子，但不准转抄。生产中，大家也只能是按程明坤的要求去做，知其然而不知其所以然。王明锐利用与程明坤经常接触的机会，通过平时的交谈、请教加上观察，初步整理了一个粗略的工艺流程，但还没来得及在具体操作中印证，就被调回酒精厂。临走时，他将这份材料交给接任的李汉臣，但李汉臣后来不小心弄丢了。不过后来程明坤慢慢有了转变，把《下窖操作要点》拿了出来，逐一耐心解释说明，手把手无私地教大家。

车间初建各方面条件很差。没有电灯，晚上只有昏暗的油灯。用水全靠人工挑，每人每天要从河里挑40担左右，全是上坡，三五担后，再强壮的工人都气喘吁吁，汗流浃背。踩煤、添火也全是人工，劳动强度很大。当时没有宿舍，每天不管多晚都只能回家。不管干到多晚，也不管住的远近，从未有人迟到早退。有些工人长年加班加点，星期天、节假日也没有休息，义务

▲酒厂初创阶段

▲品鉴董酒

劳动更是一种习惯，从来也没有人提出过要加班工资。在这样一群人的奉献中，1959年，董酒以其别具一格的优良品质被评为"贵州名酒"。1963年，参加全国第二届评酒会，首次评为"中国名酒"，跨入中国八大名酒行列。

获奖后的1964年，财政拨款13万元，改造董酒车间本部、烤酒房和包装室。同时将林场苗圃的房屋全部划归董酒车间。另建松林坡办公室和宿舍、食堂等，把苗圃搬迁过去。

1973年，遵义市下发了地计委〔73〕计基字第051号文件，拟扩建董酒车间，建成后年产120吨。要求在1974年6月前完工。经审批，工程总投资为45万元。1973年9月破土动工，当年年底就顺利完工。从此，董酒生产开始快速发展。

第二节 初出茅庐，屡获省优

1957年董酒试制成功，1958年恢复生产，1961年参加贵州省评酒会，荣获第一名。贵州省档案馆存贵州省轻工业局档案记载如下：〔62〕轻工食字第0050号，"关于印发全省评酒会议结果"的函。我两厅于1961年12月21—28日在贵阳召开了评比会议，有工商部门及生产厂27个单位53人参加。会议对省内21个厂生产的粮食原料白酒22种（包括茅台）进行品尝鉴定。质量稳定的有董酒、平坝窖酒、金沙窖酒；提高的有贵阳窖酒、黄平窖酒、大方窖酒；下降的有安酒、匀酒和泉酒。

董酒编号19号（厂送样），酒度59度，初评得分：19.14分，复评得分：18.92分，名次：第一名。评语：色泽透明、香味独特、味醇和回味微辣、短，而稍有药味微酸。落款省商业厅、省轻工业厅，1962年元月25日。（作者注：原件存贵州省档案馆）

1962年11月，董酒又参加了省的评酒活动（此次评比不包括茅台酒）。贵州档案馆资料记载：省轻工业厅〔62〕轻工食字第152号"检发全省评酒会议情况函"。

各专州及贵阳市工业局、各重点酒厂：

我厅于11月20—22日在贵阳召开评酒会议，到会评酒委员12人。

一、质量评比情况：23种酒中较好的是方酒、董酒、平坝窖酒、泉酒和黄酒。

二、根霉糖曲的生产问题（略）。

三、几点意见（略）。

四、评为11种名酒如下：

1. 方酒17.95分　　　　2. 董酒17.11分

3. 平坝窖酒16.78分　　4. 泉酒16.11分

5. 黄酒15.06分　　　　6. 安酒14.70分

7.　匀酒14.27分　　　　8.　金沙窖酒13.87分

9.　贵阳大曲13.06分　　　10.　乌江酒12.89分

11.　锦江酒12.16分

其他12种酒的评分情况：

12.　龙溪酒13.28分　　　13.　东山酒13.06分

14.　清镇酒13.06分　　　15.　龙酒12.78分

16.　跃进酒12.56分　　　17.　鸭溪酒12.06分

18.　大关酒12.00分　　　19.　花溪酒11.89分

20.　朱昌窖酒11.78分　　21.　凯里大曲10.00分

22.　怀酒（陈）8.94分　　23.　怀酒（新）7.94分

落款为省轻工业厅，时间为1962年12月月20日（原件存贵州档案馆）。

这次省内评酒结束后，省轻工业厅将评出的11种省评名酒推荐参加第二届全国评酒会。

▲董酒荣获第二届全国评酒会名酒称号

第三节　走向辉煌，四获金奖

一、第二届全国评酒会的组织工作

这次会议由轻工业部主持，于1963年11月在北京召开。实际上这是解放以后全国饮料酒类的一次全国性的评酒会，轻工业部要求各省、市进行选拔推荐工作，选送的样品能代表市场销售的商品，须经省（市、自治区）轻工业厅、商业厅共同签封并且都要报送产品小样。

经过基层认真筛选，全国27个省、市、自治区共推荐了196种酒。包括白酒75种、葡萄酒25种、果酒20种、黄酒24种、啤酒16种、配制酒36种。评酒工作是在评酒委员会领导下进行的，评酒委员由各省、市、自治区推荐，轻工业部聘请，这一届共聘请评委36名，其中白酒组评委17名。

二、评酒办法

按酒种分为：白酒、黄酒、果酒、啤酒四个组分别进行评选活动。露酒中以白酒为基质的由白酒组品评，如玉冰烧、竹叶青等，以酒精为基质的由果酒组品评。白酒中由于对酒的香型尚未明确认识，所以没有按酒的不同香型，也没有按原料和糖化剂的不同分别编组。基本上是混合编组大排名的办法评酒，由评酒委员会独立思考，按色香（百分制）打分、写评语，采取密码编号，分组淘法，优者进入复赛和决赛，最终按高低评奖。

三、评酒规则

这次评酒首次制定了评酒规则。如：评酒室不准吸烟；评酒中要保持安静；不得互相交换意见或互相观看评酒结果；每评一个样品前先以清水漱口并间隔3～5分钟后再进行品评；非评酒期间要保证充分休息，要求每晚十点钟前入睡；中午必须休息一个半小时；此外，为了保证评酒的准确性，对评

▲专家品鉴

酒委员的饮食也做了周密的安排，每天食堂的菜谱都要经大会秘书处审查，不吃有刺激性的辛辣菜和味道浓烈的油腻荤腥的食物。

四、评酒结果

这次评酒会共评出了全国名酒18种（1964年2月16日《大公报》载），全国优质酒27种。这18种名酒是五粮液（四川宜宾）、古井贡酒（安徽亳县）、泸州老窖特曲酒（四川泸州）、全兴大曲酒（四川成都）、茅台酒（贵州仁怀）、西凤酒（陕西凤翔）、汾酒（山西杏花村）、董酒（贵州遵义）、绍兴加饭酒（浙江绍兴）、沉缸酒（福建龙岩）、白葡萄酒（山东青岛）、味美思酒（山东烟台）、玫瑰香红葡萄酒（山东烟台）、夜光杯中国红葡萄酒（北京）、特制白兰地（北京）、金奖白兰地（山东烟台）、竹叶青（山西杏花村）、青岛啤酒（山东青岛）。这其中白酒八种，收藏界俗称老八大。

从此董酒跨入国家名酒行列。

在接下来的三届全国的评酒会中，董酒蝉联了国家名酒称号。

第三届全国评酒会1979年在大连举行，共评出包括董酒在内的8种名白酒：茅台酒、汾酒、五粮液、剑南春、古井贡酒、洋河大曲、董酒、泸州老

▲董酒荣获第三届全国评酒会名酒称号

窖特曲。这八种名酒，收藏界称为新八大。

第四届全国评酒会1984年在太原举行，共评出包括董酒在内的13种名白酒：茅台酒、汾酒、五粮液、洋河大曲、剑南春、古井贡酒、董酒、西凤酒、泸州老窖特曲、双沟大曲、黄鹤楼酒、郎酒、全兴大曲酒。

第五届全国评酒会1989年在合肥举行，共评出17种名白酒：茅台酒、汾酒、五粮液、洋河大曲、剑南春、古井贡酒、董酒、西凤酒、泸州老窖特曲、全兴大曲酒、双沟大曲、黄鹤楼酒、郎酒、武陵酒、宝丰酒、宋河粮液、沱牌曲酒。

董酒除全国第二、三、四、五届评酒会上四次蝉联"中国名酒"称号，荣获国家金质奖章外，还荣获了其他大量奖项。如：1963年、1979年、1984年和1989年，董酒四次被评为"轻工部优质产品"，荣获证书暨金奖、出口产品金奖；1988年，获首届酒文化节"中国文化名酒"称号和首届中国食品博览会"金奖"。1990年，获轻工部"出口产品金奖"；

董酒多次获得的国际奖项有：1989年，获北京首届国际博览会"金奖"；1991年38度、59度董酒荣获日本东京第三届国际酒、饮料酒博览会双金奖；1992年，美国洛杉矶国际酒类展评交流会上荣获"华盛顿金杯奖"等。

◀董酒、董醇荣获

国家质量金奖

董酒荣获国家

质量金质奖章▶

◀低度董酒荣获

国家质量金奖

第四节　陈锡初与董酒

如果说程明坤始创发明了董酒，那么陈锡初就是把董酒发扬光大的那个人。陈锡初（1932—1995），四川江津人，汉族。1949年11月参加工作，先后在遵义发电厂、遵义粮食局工作。学过照相、汽车修理，先后当过电工、机修工、技工、化验员。1951年11月加入中国共产党。1955年经组织推荐到贵州省工业厅干部学校学习财务专业，1957年中专毕业后回酒精厂工作。1960年至1962年曾任遵义市电池厂党支部书记、厂长，遵义市皮鞋厂党支部书记、厂长。1963年调回遵义酒精厂，历任财务股长、供应、行政、保卫股长、革委会副主任、副厂长、厂长等职。多次带职进入党校、各级企业管理培训中心进修。1976年成立董酒厂后，历任党支部书记、厂长。1984年后任董酒厂厂长、党委书记。

陈锡初在1957年率先提出恢复董酒这一传统名产的生产，在税务局、财政局支持下，市政府责成遵义酒精厂进行试制。酒精厂派出陈锡初等人带领职工、家属在原程氏小作坊基础上修灶造窖，白手起家。在程明坤鼎力支持下试制成功并投入批量生产，后由陈锡初主持年产八十吨厂房设施修建工作，成立遵义酒精厂董酒车间。

1973年，陈锡初主持酒精厂技术改造，完善制曲工艺，改间断蒸煮为真空柱式蒸煮。改开放发酵为密封发酵，提出酒精生产中废气综合利用方案。实施后，填补了贵州没有无

▲陈锡初

水乙醇这一空白，收集提炼出干冰，取得明显经济效益。

1976年成立董酒厂后，陈积极协调，亲自主持董酒各期扩建工程，担任指挥长，采取上项目、拿投资、搞技改、借贷款、补偿贸易等，多形式，多渠道扩大董酒生产。施工中分轻重缓急优先安排超前项目，协调基建生产进度，为全面投产争得了时间。为确保增产中的质量稳定，1976年即创建化验室。1977年提出"董酒质量是董酒厂的命根子"，先后成立质检组（科）、计量科、新产品开发科（车间）、全面质量管理办公室、工艺技术科，建立质检队伍，健全规章制度，完善质量管理机构。

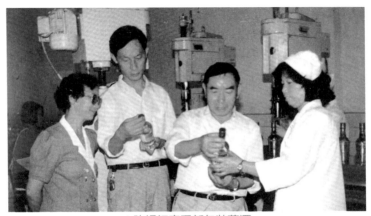

▲陈锡初察看新包装董酒

1979年2月，陈锡初在厂内试行"定额超产奖""单项节约奖"。首开遵义市工业企业经济改革纪录，引起强烈反响。后创造条件，试行"超额分成""集体计件工资制""吨酒工资含量与工资总额挂钩浮动"等多种形式的经济承包责任制。分配制度的改革促进了企业机制的改善，也促进了生产力的发展，取得了显著经济效益。

1987年，实施经济责任承包制，陈锡初为董酒厂第一轮主承包人，为期四年。1987年7月28日，国家对全国26种名烟名酒放开价格，各大名酒逐步出现了产销矛盾，"价格意识"落后于"价格实践"，出现了价格与价值的逆向反差。陈锡初审慎对待，在名酒价格飞涨中保持董酒处于最低价格，（产地价仍达到32元／瓶0.5公斤）。

随后市场出现抢购，董酒常常断货。然而好景不长，随着对价格进行清查治理，董酒等名烟名酒列入社会集团控制购买目录，受到冲击。加上与北关乡横向联合后三个分厂债务拖累，以及合并酒精厂后非生产性支出加大。酒厂资金周转不畅，产品积压，生产也受到了影响。

▲排队抢购董酒

1989年9月4日，国家决定对名酒实行降价。陈锡初果断决定一次性价格降到位，派出几个销售组联络老用户。同时开拓新市场，建立几十个特约经销网点。及时调整产品结构，改进包装装潢，开展高层次大规模的宣传，及时稳定、改善了局面，控制了"滑坡"，迅速将企业扭转到正常状态。

同时从1989年起，根据企业宗旨、目标、特点，倡议组织了职工思想教育政治工作研究会，有意识地将零散、自发的董酒酒文化，系统进行调整、引导、培养，提炼出新的企业文化，开展"知我董酒，爱我中华"活动，提出了"以质为本求生存，以人为本求发展"的企业精神，拟定"思想先行稳大局，以质为本严管理，勤俭节约增效益，团结奋斗渡难关"的工作方针，赢得了思想安定、生产发展的良好局面。董酒厂也于1990年被评为国家大二型企业，1991年5月，38度、59度董酒获第三届国际酒、饮料酒（日本东京）博览会金奖。

　　对于这次日本参会，有较为详细的纪录，可以看出陈锡初是怎样带领董酒走向世界的。

　　1991年5月22日，第三届国际酒、饮料酒博览会在日本东京隆重开幕。这次博览会是一次世界专业酒类的空前盛会。29个国家，91个跨国公司，271个厂家，1270个产品参加了展出。贵州省遵义董酒厂产品38度、59度度董酒在展出过程中，经国际酒类专家和消费者反复品评，双双荣获国际金奖。

▲陈锡初在展会中

▲第三届国际酒、饮料酒
博览会奖牌

▲第三届国际酒、饮料酒
博览会证书

　　国际酒博览会是世界性酒类高档次的专业性盛会，第一届、第二届中国都没有参加。这届酒会展址在日本东京太阳城王子大酒店。中国代表团由中国酒文化研究会和西南中信公司联合组建参加。中国参展酒28个（产品），共12个厂家，全团15人。这届酒会共有各类酒1270个（产品）、217家酿酒企业、91个跨国公司参加博览会，酒类品种繁多，包装精美，特别是葡萄酒类包装水平明显高于其他酒类。

▲日本东京太阳城王子大酒店

　　中国代表团中董酒厂代表是厂长、党委书记陈锡初。在会议期间，被中国代表团选定为博览会中国展馆现场指挥。回国后代表团团长谈起陈锡初在日本期间的表现赞不绝口："选定陈锡初为中国展馆现场指挥后，享受团长、副团长、秘书长级待遇，可以坐出租车，但陈锡初一直没有坐。他时间观念很强，按时上下班，站柜台，任劳任怨，不计报酬，热情周到接待顾客和来宾，不亢不卑恰到好处，充分展示了中国人良好的形象，是我们学习的楷模。"

　　其实参加这次博览会，董酒是准备不足的：陈锡初5月12日从遵义启程，5月13日到达北京。本来陈锡初以为就是商品展销会，到北京后才知道这次到日本参展是国际性酒类专业性博览会，档次高，任务重。接到的上级指示是：作为中国名酒，董酒必须获奖。5月18日到达东京，5月29日回国，在东京逗留11天，正式展览4天。

　　董酒获得这次国际酒会金奖，按陈锡初总结是"基础加上机遇"。临出国前才得知具体任务和情况，这对于毫无思想准备的陈锡初而言压力有多大？只有他自己才知道。假如中国名酒之一的董酒在国际性酒会亮相后评不上奖，怎么向中国人民交代？下一届国家名酒称号怎么保？回厂后怎样向职工解释……高压下的出路无非两条：要么进，要么退。一开始陈锡初萌发了不参加这次博览会的念头。他把这个想法告诉了正在日本参加中国市长访日代表团活动的遵义市市长唐昌黎。唐市长听了陈锡初想法后鼓励他要有自信心，要相信董酒的酒质，相信自己的产品，相信董酒在国内外的知名度，并一起分析了评奖的可能性。有了市长的鼓励，陈锡初坚定了要带董酒去国际市场闯一闯的决心，让董酒接受国际检验。董酒自身优良的品质，是获奖的"基础"。所谓"机遇"，也是必然中的偶然。由于事先不知道要评奖，陈锡初刚出差回厂又匆匆踏上东洋之行，旅行包里只剩下五份董酒宣传介绍资料。展览期间，到中国馆品尝中国酒，索要样品、宣传资料、产品资料的各国参观者一批又一批，这仅有的五份资料却一直没有拿出去。终于，稍纵即逝的机遇来了：当主持这次博览会的英国、美国两位总督和世界卫生组织一

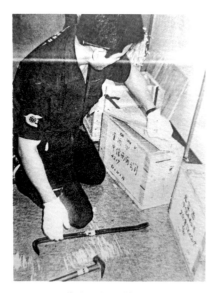

▲工作人员打开董酒包装

▲外国专家参观中国展柜

位官员来到中国馆时，陈锡初通过翻译简明扼要地介绍了董酒，并将样品和介绍资料顺势送给他们，为会议主持人、评酒负责人了解中国董酒创造了有利机会。

同时，参加中国市长访日代表团的遵义市市长唐昌黎也在工作之余大力推荐董酒，努力扩大董酒的知名度。临来日本前，陈锡初临时在北京友好单位借了一件酒给唐市长，唐市长一到日本，在欢迎会上即打开两瓶董酒请来宾品尝。访问八个城市，每个市赠上一瓶，最后两瓶赠给日方负责这次市长访问接待的总裁。日方客人品尝过后赞不绝口，董酒在日本市长中普遍受到青睐。

6月初，留在日本的中国酒文化研究会人员带来喜讯，正式通知董酒38度、59度董酒均荣获金奖，陈锡初才长长地出了一口气。当天下午，中国酒文化研究会人员飞回北京，一直留在北京等候消息的陈锡初从中国酒文化研究会负责人手中接过金牌和证书，悬着的心才落地。

6月5日，陈锡初从北京载誉归来，在贵阳机场受到隆重而热烈的欢迎。贵州省轻工厅当天下午在贵州饭店举行"董酒双获国际金奖"新闻发布会。

▲载誉归来

▲左起遵义市市长唐昌黎、贵州省轻工厅厅长邱栋成、陈锡初、遵义市市委副书记陈海峰

贵州省省长王朝文、遵义市市长唐昌黎等作了重要讲话。陈锡初代表董酒厂党政工团班子向关心董酒的各界人士表达谢意。

　　陈锡初兢兢业业，任劳任怨，坚持改革，锐意开拓，历年评为市地省先进工作者，1988年荣获贵州省总工会"五一"劳动奖章和"四化"建设标兵称号，1990年被轻工部授予"七五"期间轻工业安全生产先进工作者称号。曾当选为贵州省第八届人大代表，遵义市第十届、第十一届、十二届人大代表，遵义市第十届人大常委会委员，政协遵义市第九届副主席，省企业管理协会理事，省轻工协会理事，地区消费者协会副理事长，市企业管理协会理事，中国保健酒联谊会副会长，《中外商品》杂志高级评论员，全国名优白酒产销售信息网理事等职。1992年评为遵义市"十大"好人好事，1988年评为高级经济师，1992年成为享受政府特殊津贴的专家，同年获"发展中国名优酒特别功臣"奖。这些荣誉，是对陈锡初在发掘、恢复董酒生产，带领董酒走向辉煌的肯定和证明。

附1：

我的父亲陈锡初

文 / 陈元勇[①]

　　我的父亲陈锡初，出生于1932年10月28日，四川省江津市人。幼年随舅舅一起从江津市迁到奶奶郭氏的老家贵州省桐梓县居住。因家庭贫困，父亲在十二岁时就开始在照相馆做学徒，用微薄收入补贴家用。1949年11月，父亲在遵义酒精厂参加工作，1951年11月加入中国共产党，1956年4月，被工厂保送到贵州省工业干部学校学习一年回单位工作。父亲在酒精厂从工人做起，先后担任过财务股长、团委书记、副厂长、厂长等职务，见证了董酒从无到有，从小到大的发展过程，把一生都贡献给了酒厂。因国营企业急需懂财务方面的干部，组织上曾派我父亲到市皮鞋厂、电池厂任厂长兼支部书记。

　　记得我小时候，物资奇缺，只有凭票供应粮食等副食品，大家生活都很困难。酒精厂的职工都靠担酒糟、捡煤炭等补贴家用。"文革"开始后，组织上派军代表进驻酒精厂，父亲被定为"保皇派"，父亲边抓生产边接受审查，还经常晚上挨批斗。1966年元月初，组织上安排我的母亲到供销合作社工作，为了方便母亲上班，我们搬离了酒精厂家属区，到离单位4公里的茅草铺鱼牙村租房子住。1969年，"文化大革命"进入高潮阶段，"以阶级斗争为纲""打倒走资派"等群众运动全面展开。工人不上班，学生不上课，父亲却坚持每天很早上班，很晚下班。母亲担心父亲的安全，请当地村里的民兵护送我父亲上下班。

　　1975年，工厂开始恢复生产。酒精厂有个生产董酒的车间，离酒精厂5公里路（现北关乡），当时的红城牌董酒，得到国家轻工部的好评和认可。为了扩大生产，发展壮大董酒，父亲向市轻工局提出董酒独立建厂的建议，

---

① 陈元勇，陈锡初长子，现就职于遵义市红花岗区人民检察院。

并将方案报送相关部门，同时开始前期准备工作。1976年，经批准正式组建遵义市董酒厂，由原来的车间扩建成50吨的董酒厂。当时的条件十分艰苦，人、财、物缺乏，父亲开始带领全体职工，发扬艰苦奋斗的作风，利用业余时间搞基建，使董酒厂初具规模。

由于家庭生活困难，我初中毕业后就到董酒厂的包装车间做小工。当时生产的红城牌董酒受到全市人民欢迎，厂里两班制包装董酒，还供不应求。遵义市政府下达的50吨生产任务，很顺利地提前完成。遵义市政府相关部门因董酒的畅销及时调整生产计划，1977年提高至200吨。当时董酒厂的条件差，人员需要补充，我父亲利用大好机会，提出了1977年、1978年的生产计划和要求，并同意董酒厂招收第一批工人20人。我放弃读高中的机会，1977年随第一批招收的20名新工人，进了董酒厂。

改革开放初期，人们的生活水平逐渐提高，每到春节期间，董酒厂生产的红城牌董酒价廉物美，市场供不应求。我的记忆中，市政府采取了凭票供应，由市糖酒公司统一销售。许多外地的糖酒公司主动来董酒厂订货，酒厂为了满足市场需求，在保证质量的同时，要求工人们三班倒，加班包装董酒供应市场。在大家付出辛勤汗水的同时，也取得了收获。由于当时工作成绩突出，有一名女职工还被推荐评为全国"三八红旗手"。

董酒被评为名酒后，声誉响彻全国，北方人最喜欢喝董酒。记忆中，1985年秋天，中央领导和贵州省委领导到董酒厂视察工作，给予了董酒高度评价。遵义市政府交给父亲的任务是如何扩大董酒的生产。由于董酒厂工作需要，缺乏中层管理人员，我和单位的六位同志被选送到各高校进行深造，其中我被派到贵州工学院干训部工业企业管理工程专业学习。董酒厂生产的各类品牌酒在市场上畅销，当时给政府创税收三千多万元。

父亲在酒厂盈利的时候，提高了工人的各种福利。从建厂初期50名职工到1984年底近2000人的工人队伍，大部分工人都解决了福利房。我父亲原来住在董酒厂，随第二批搬进了新建的北京路家属区。但搬进新家，基本上见不到父亲回家，他大部分时间都忙于酒厂事务性工作，为酒厂的发展壮大殚精竭虑，下班后还要接待外地糖酒公司销售人员。

我父亲工作风格谦虚谨慎，严于律己，宽以待人，脚踏实地。凡属企业的重大问题，都坚持民主集中讨论决定，并注重培养年轻干部，放手让年轻干部大胆工作，在实践中锻炼成长。在生活中平易近人，关心职工，为人坦诚，待人宽厚。长期保持与职工群众的密切联系，每到春节，都要去看望困难职工，时刻牵挂着困难职工和退休老同志，问寒问暖。职工生病住院亲自去探望，与职工群众打成一片，受到全厂职工的深切爱戴。

董酒厂从1984年11月国企体制改革后，父亲担任了党委书记、厂长的重担。率领全厂干部、职工和科技人员狠抓产品的质量和效益，开发系列产品。为创名牌，呕心沥血，开拓进取，使董酒五次获得国际金奖，三次荣获国家金奖，三次被轻工部评为全国名酒，四次评为贵州名酒，为名城遵义争了光，为贵州争了光，为国家争了光。1976年到1999年，董酒共为国家创税利3.3亿多元。我父亲在企业的发展中，以大企业的支柱产业为主，先后兼并了酒精厂、啤酒厂，并与玻璃厂、彩印厂、电机厂等企业组建了董酒联合体。通过不断深化企业改革，促进了企业集团内部经营机制的转换，使董酒联合体在社会主义市场经济的新形势下，不断发展，不断进步，成为遵义市工业企业中的主要支柱。

我父亲在20世纪80年代初期，董酒厂发展和兴旺的时候，他带领班子成员，带上董酒去云南老山前线看望慰问解放军战士们。董酒厂的兴旺离不开地方政府北关乡的支持和群众的大力帮助，为了回报乡政府和人民群众，采取联合办分厂和解决子女就业等方式，共创建了董酒一分厂、二分厂、三分厂，采用总厂选派优秀干部到分厂担任领导的方式，切实抓大做强了地方经济。在我的记忆中，20世纪80年代的董公寺生意兴旺，远方的客人纷至沓来，乡政府的税收明显增加，驻地群众的收入猛增，为地方经济发展做出了贡献。

由于父亲工作很忙，我与父亲见面的时间越来越少，每次见面，他的身体都每况愈下。他患有高血压、冠心病等慢性疾病。我每次见到父亲提醒他注意休息，但都说工作需要，没有办法。1993年至1995年期间，金融危机冲击着各大中小企业，董酒厂生产的董酒一时销售疲软，资金回笼慢，经济效益差，外单位上门追货款的事情时有发生，银行不放贷，父亲的工作压力加大。在当时的大政策背景下，地委、市委主要领导按照国家产业政策的调整，希望董酒厂走股份制改革的道路，解决面临的困难，并提出到深圳考察股份企业。当时，父亲身患疾病，需要住院治疗，但为了工作，他同意组织上的安排。1995年6月28日早上，我一早到父亲家里，正好碰到父亲匆忙离开家门，便问父亲："你身体不好，能不能不出差，换人去？"父亲说："不行，地、市领导要求我必须去参加，你常回家来看你母亲"，说完就匆匆忙忙地走了，哪成想这一走就成了永别。6月29日上午，我单位接到董酒厂打来电话，说父亲在贵阳医院病危，叫我马上去贵阳。等我中午12点赶到医院时，父亲因患脑溢血抢救无效于当日十二时零八分在贵阳逝世，享年六十三岁。董酒厂将父亲的遗体从贵阳接回遵义市万里路殡仪馆并设灵堂吊唁。地市领导和群众及全国各地糖酒公司等企业相关人员纷纷前来悼念，表达对我父亲的怀念。

我父亲匆匆忙忙地离开了他一生热爱的董酒事业，来不及和家人告别，就永远地离我们而去，我们将永远怀念我们的父亲陈锡初。

陈锡初，男，四川省江津市人，生于1932年10月28日，1949年11月参加工作，1951年11月加入中国共产党，中专文化。曾任遵义酒精厂副厂长、厂长、党支部书记；董酒厂支部书记，1984年11月担任遵义董酒厂党委书记、厂长；曾当选为贵州省第八届人大代表，遵义市十届、十一届、十二届人大代表，遵义市第十届人大常委会委员、政协遵义市第九届委员会副主席。

第四章　董酒工艺

　　董酒是老八大名酒之一，工艺独特、风格独特、由来独特，在全国名（白）酒中独树一帜。自问世以来，在白酒的香型分类上，先后归于其他香型、兼香型、药香型等，2008年9月正式确定为"董香型"。董酒的与众不同除得之于遵义得天独厚的风土外，还在于其复杂传奇的酿造工艺（配方）。

　　遵义地处云贵高原北端，北靠蜿蜒的大娄山脉，常年处于亚热带湿润季风气候。冬无严寒，夏无酷暑，田地肥沃，绿树成荫，适宜的环境特别符合酿酒类微生物生存繁衍。这种独特的生态环境和气候条件，与该地区传承千载的酿酒工艺相结合，再加上与这两者伴生的、绵延生息数千年培育出的独特微生物群落，成为酿造董酒不可或缺、无法复制的天然要素。

▲独特的地理环境

　　董酒的酿造工艺和配方被列为国家机密，起因并不复杂：改革开放以后，大批的国外友人来中国参观访问。当时大家保密观念、专利意识等均不强，工厂、学校、科研院所等机构几乎完全不设防。中国传统工艺的瑰宝如景泰蓝等制作工艺开始外传，日本等国家开始仿造，并在专利保护、市场占有等对我形成冲击。有鉴于此，1963年成为中国"老八大名酒"之一的董酒，其独特的工艺、配方，在成为境外有关机构、个人觊觎的关键时刻，引起国家重视。1983年，国家轻工业部将董酒的生产工艺和配方同时列为第一批科学技术保密项目，保密级别为"机密"，对外可参观，但不介绍、不拍照。这在全世界的蒸馏酒界也绝无仅有。此后，国家科学技术部、国家保密局又重申这一项目为"国家机密"，严禁对外做泄密性宣传，保密期限为长期。

▲科学技术保密项目通知书

　　董香型白酒的生产工艺在发展过程中，不同的生产者，在不同的时代特点、工艺水平、市场需要和自身对董香型白酒的认识，进行了改进。一般来说，程明坤先生所始创、完善并使用的称为传统工艺。在传统工艺基础上，出于节约原料、简化流程、追求效益等目的改进的称为现代工艺。

第一节 传统工艺

传统工艺（见下流程图）主要流程要素有：

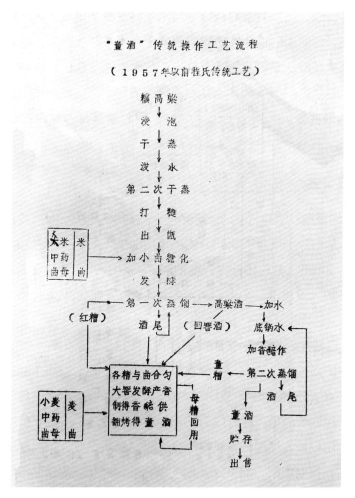

▲传统工艺流程图

"两小""两大"：即小曲、小窖制成酒醅经蒸馏得酒；大曲、大窖制成香醅，串蒸提质增香。

　　堆积发酵：制取香醅过程中不可忽视的重要工艺，将制取香醅的各种原料根据季节、药质等可变因素按配方增减进行充分拌匀后堆积、复拌。堆积过程中网罗空气中的酿酒类微生物参与发酵产香。

　　翻烤：是董酒成型的重要工艺。小曲加入蒸煮好的高粱经糖化、发酵，蒸馏而得高粱酒。根据其酒度高低加入清水稀释，倒入锅中，成为底锅水。酒甑中放入香醅，底锅酒水混合物升温产生酒水混合蒸气，蒸气将香醅层温度不断提高，香醅中的香味物质随着温度上升不断释放出来，融入酒水蒸气中，混合蒸气经冷却凝固而得酒。这一工艺由于先蒸馏出高粱酒，再以高粱酒为底锅水复蒸香醅得董酒，也称为"复蒸法""二次串香法"。操作工序复杂，劳动强度较大，所需劳力、燃料、酿酒器具及占地面积较大，酒质好、成本高。

　　一、高粱酒生产

　　1. 浸泡蒸粮：高粱750斤，用90度左右开水浸泡8小时，放水，基本滴干后，入甑蒸粮。上汽后干蒸40分钟，再用50℃左右水焖粮并加热使水温到95度左右。如糯粮焖5～10分钟，粳粮焖30～60分钟。待粮食基本吃够水以后，放水，加大火再蒸。上汽后再蒸2小时，打开甑盖冲凉水20分钟，高粱蒸好。

　　2. 进箱糖化：在糖化箱底放一层配糟约2～3厘米厚，表面掩一层谷壳，把蒸好的高粱打入箱中，鼓风吹冷。夏天吹至33℃左右下曲，冬天吹至40℃左右下曲。小曲按高粱的0.4%～0.5%下。曲分二次下，每下一次用耙拌匀，但不拌底层酒糟。拌好以后把箱中粮食收拢摊平，四周留宽约18厘米的一道沟，用来放入热配糟，以保箱温。收好箱后，夏天箱温28℃左右，冬天34℃左右，保温培菌，24～26小时便糖化好，糖化好的箱温不超过40℃为宜。750斤高粱大约加配糟180市斤左右。

　　3. 入窖发酵：将糖化好的箱翻拌均匀，鼓风吹冷，夏天吹得越低越好，冬天在28～29℃入窖。入窖后，每窖下热水三担（每担大约80斤左右），水温夏天45℃左右，冬天65℃左右。踩紧，用泥密封发酵6～7天，便可烤酒。

4. 烤酒：将发酵好的原料从窖中取出，入适量谷壳（大约一甑拌谷壳15斤左右），视来汽情况慢慢掩入甑中，以不挡汽为准。掩满甑后，盖甑烤酒。摘酒浓度58～60度。此酒为高粱酒（称半成品），用来翻烤董酒。

二、董酒生产

1. 起窖糟（香糟）：从大窖中取出发酵半年以上的香糟700～800斤，用铁铲搓细结团。视酒糟含水情况，加入不超过10斤左右的谷壳，拌匀、堆起。

2. 上甑：在甑上先掩上2～3厘米厚拌和好的香糟。将要翻烤的160斤高粱酒抬到甑边放好，待底锅水煮沸以后，用皮管吸出高粱酒从锅底边慢慢加入锅中（锅中有底锅水，酒水混合后浓度大约在30度），上汽后，再慢慢将香糟掩入甑中。

3. 烤酒：甑掩满后，盖盘烤酒。如酒的麻苦味重，须去酒头3～5斤。烤出的酒经品尝鉴定后分级贮存。优级酒存一年以上，合格品贮存半年以上，再勾兑、包装出厂。优级酒为董酒，酒度59度，合格品为董窖，酒度稍低。

三、下窖

1. 把酒窖打扫干净，如窖壁有青霉菌等，应尽量铲除。

2. 取高粱酒150斤，董糟700斤，香糟700斤，下大曲150斤，拌匀、堆好。

3. 夏天，当天下窖并耙平踩紧。冬天，下到窖内或在晾堂上堆积一天培菌，等第二天升温后再把窖糟耙平踩紧。每2～3天下酒一次，每大窖下60度高粱酒700斤左右。每窖大约12～14天下满，下糟约3～4万斤。

四、制大曲（麦曲）及小曲（米曲）

1. 小麦（做大曲）中米（做小曲）用粉碎机粉碎后，再用磨盘粉机磨成细粉，米粉要求越细越好，麦粉可以粗一点。

2. 将制大曲所需的40味中药、制小曲的95味中药购齐，晾干、粉碎备用。

编号	药 名	编号	药 名	编号	药 名	编号	药 名
1	姜壳	25	益智	49	茯苓	73	木瓜
2	白术	26	白芍	50	黄柏	74	桂子
3	苍术	27	生地	51	桂枝	75	蜈蚣
4	远志	28	丹皮	52	牛膝	76	绿蚕
5	天冬	29	红花	53	柴胡	77	自然铜
6	桔梗	30	大黄	54	前胡	78	泡参
7	半夏	31	黄芩	55	大腹皮	79	甘草
8	南星	32	知母	56	五加皮	80	雷丸
9	大具	33	防杞	57	枳实	81	马蔺子
10	花粉	34	泽泻	58	青皮	82	枸杞
11	独活	35	草乌	59	肉桂	83	吴黄
12	羌活	36	蛇条子	60	官桂	84	栀子
13	防风	37	破故纸	61	斑蝥	85	化红
14	藁本	38	香薷	62	石膏	86	川椒
15	粉葛	39	淮通	63	菊花	87	陈皮
16	升麻	40	香附	64	蝉蜕	88	山楂
17	白芷	41	瞿麦	65	大枣	89	红娘
18	麻黄	42	大茴	66	马鞭草	90	百合
19	荆芥	43	小茴	67	朱苓	91	穿甲
20	紫苿	44	藿香	68	茵陈	92	干姜
21	小荷	45	甘松	69	川乌	93	白芥子
22	木贼	46	良姜	70	厚朴	94	神曲
23	黄精	47	山奈	71	牙皂	95	大蘖子
24	玄参	48	前仁	72	杜仲		计95味药

编号	药 名	编号	药 名	编号	药 名	编号	药 名
1	黄 芪	12	北 辛	23	广 香	34	麻 黄
2	砂 仁	13	山 奈	24	贡 术	35	桂 枝
3	波 扣	14	甘 松	25	虫 草	36	安 桂
4	龟 胶	15	柴 胡	26	红 花	37	丹 砂
5	鹿 胶	16	白 芍	27	枸 杞	38	茯 神
6	虎 胶	17	川 芎	28	犀 角	39	荜 拨
7	益智仁	18	当 归	29	杜 仲	40	尖 具
8	枣 仁	19	生 地	30	破故纸		
9	志 肉	20	熟 地	31	丹 皮	计40味中药	
10	元 肉	21	防 风	32	大 茴		
11	百 合	22	贝 母	33	小 茴		

▲董酒制曲需要部分中药

3. 在麦粉（或米粉）加入5％中药粉。麦曲接种2％，小曲接种1％，加入50％~55％的水，拌和均匀。

4. 将拌和好的料放在板框上踩紧、踩好。厚度约3厘米，用刀切成块，小曲长宽各切成3.5厘米左右。大曲长宽各切成10厘米左右。

5. 将切好的曲块放入有谷草的箱中，将箱堆成柱形，保温培养，室温保持在28℃左右。以后视情况调节室温。

6. 揭汗：曲块保温培养一天以后，就可以到达揭汗温度。小曲揭汗温度为37℃，大曲揭汗温度为44℃。有时也有用低温揭汗，小曲约在34℃，大曲约在38℃。

7. 翻箱：揭汗之后，先将箱子错开。以后每2~3小时要上、下翻箱一次。以保持上、中、下温度大约一致。

8. 反烧：揭汗以后，曲子品温马上降下来，大约在12小时以后大、小曲都要反烧（即温度又要上升），小曲反温比大曲升温幅度大，但一般都以不超过40℃温度为宜。反烧时更要注意勤翻箱，必要时还要打开门窗通气降温。

9. 一星期左右，曲子基本培养好，培养好的曲子及时加火烘干，烘干温度45℃左右。

第二节　现代工艺

　　"串蒸"是程明坤在酿造董香型白酒中首创，取酒和提香分别进行。董酒的典型风格及质量，很大程度决定于"串蒸"。1964年，北京酿酒厂首先在红星二锅头的生产中，学习、改进和采用了该技术，较好地改善了酒的口味，提高了质量。对这一技术，北京酿酒厂在华北区白酒协作会议上做了介绍推广。1965年，全国食品工业行业会议在山东烟台召开，会议决定在山东进行这一技术的试点工作。此后，"串蒸"得到广泛推广和使用，较好地提高了各酒厂的产品质量（特别是液态白酒及代用品原料白酒），促进了新产品的开发，提高了各酒厂的效益。

　　董酒传统蒸馏技术采用"二次串香法"（"复蒸法"）。但在实际生产过程中，这种方法操作繁杂，劳动强度大，原材料和燃料消耗都高。在"多快好省"建设社会主义的大背景下，董酒厂的技术人员和工人，主要从节约的角度出发，开始逐步摸索、改进和完善串香技术。

　　1963年，酒厂技术员刘兴奎受蒸饭时把冷饭放在上面一次就蒸好的启发，提出减少一次蒸馏，将酒醅放在下面，香醅放在上面一次蒸馏出酒。他向程正奎请教后二人均认为可以试一试。向厂部（酒精厂）提出"一次串香"建议，得到厂部同意后，于同年2月进行试验。技术员王淑苓一起参与。试验顺利烤出董酒酒样8瓶。其中4瓶为一次蒸馏法，4瓶为二次蒸馏法。1963年3月6日由陈锡初签字，将样品交丁匀成带回贵阳，送贵州省轻工业厅研究所进行对比分析。虽然结果令人满意，但并没有得到厂部的采纳，之后的生产中仍然沿用"复蒸法"继续生产。

　　1976年6月，董酒厂从酒精厂分开独自建厂后，技术员们又提出用"一次串香"工艺生产董酒的建议，得到厂长陈锡初的重视。当时的遵义地区行署也非常支持，遵义地区科委专门安排了相关研究项目及课题。1977年6月25日，遵义地区正式下达批文（文号：遵义科业字11号）。研究项目名称：

董酒提高质量、降低消耗的研究。研究课题：串香法的总结和提高（课题之一）。项目负责人：贾翘彦。主要完成者：贾翘彦、刘兴奎、陈明光。1977年9月，贾翘彦主持了"一次串香法""二次串香法"和"双层串香法"的对比试验。参加人有晏樊炎、刘平忠、吴国志等12人。对比试验在酿酒班进行，历时4天。试验结果"一次串香法"在产量质量上均有提高，"一次法"比"二次法""双层法"缩短了烤酒时间，减轻了劳动强度，降低了煤耗，省去了"二次法"在交酒、验收、领发酒等中间环节中造成的损耗，相应降低了董酒生产成本。经过对比试验和总结后，厂部决定正式采用"一次串香法"工艺。

改为"一次串香法"后，原材燃料消耗及生产成本较大程度降低。1979年根本扭转了董酒历年亏损的面貌，取得明显经济效益。"一次串香法"节约了劳动力，大大缩短了烤酒时间，减轻了工人劳动强度，节省了酒甑及酒甑占地面积，节省了半成品酒库及酒库占地面积，还省去了交酒、验收、翻烤酒、领发酒、做账等繁杂的中间环节及中间环节造成的酒的损失和人力物力的浪费。刚刚从酒精厂独立出来单独建厂的董酒厂，举步维艰，改用"一次串香法"，对帮助董酒度过这个难关起了一定作用，较好地促进了董酒厂的发展。

一、质量情况

"一次串香法"改进后，质量稳定，在全国各地影响大，适应性强，产品供不应求。在1979年、1983年、1986年的第二、三、四届贵州省评酒会上评为贵州省名酒。第四届贵州省评酒会授予金樽奖。继1963年第二届国家评酒会上评为国家名酒后，改进工艺后的董酒，在1979年、1984年、1989年的第三、四、五届国家评酒会上继续被评为国家名酒。

二、经济效益情况

见表1，并做如下说明：

1. 1976年至1979年，酒用原材燃辅料等价格基本稳定，可比性强。

表1

项目　　　年份		1976年	1977年	1978年	1979年	1979年与1976年比较	按现在生产二千吨董酒计算，每年可节约支出及消耗
董酒产量	（吨）	90.49	141.20	200.20	253.37	180.00%	
原料出酒率	（%）	35.50	36.57	38.40	38.74	9.44%	1 227.45吨高粱及小麦
粮耗	（吨粮／吨酒）	3.50	3.19	2.93	2.90	-17.14%	
煤耗（全厂饮料酒）	（吨煤／吨酒）	4.50	3.74	3.21	3.18	-29.33%	3 960吨煤
电耗（全厂饮料酒）	（度电／吨酒）	—	272	238	207	（与1977年比较）-23.90%	195 000度电
冷却水消耗	（吨水／吨酒）	94.725	54.52	56.52	56.52	-40.33%	114 605吨水
酿酒用工量	（个工／吨酒）	66	45	45	45	-31.81%	63 000个工
酿酒工每班用工时	（小时／每班）	10	6	6	6	-40.00%	150 000个工
半成品酒管理工	（个工／每天、吨酒）	1	0	0	0	-100.00%	3 650个工
半成品酒库占地及建筑面积	（米²／每天每吨酒）	12	0	0	0	-100.00%	120（米）²土建
酒瓶占地面积	（米²／每个酒瓶）	36	0	0	0	-100.00%	1350（米）²土建
董酒生产成本	（元／吨酒）	1 691.20	1 583.53	1 526.73	1 526.08	-9.78%	496 260元
玉香液产量	（吨）	16.51	41.65	50.68	50.96	215.54%	
年平均人数	（人）	54.00	79.30	95.70	139	157.40%	
全厂利润	（万元）	-2.047	-4.95	-1.43	2.89	172.25%	
		（-2月）					
1980～1986年总共实现利润							523.99万元

"一次串香法"改进由小试、中试到正常运行，也在这几年内完成。1976年基本是传统的"二次法"串香，1979年是"一次串香法"在生产中正常运行。

2. 酒厂1976年6月1日正式从遵义酿酒厂中划出建立遵义董酒厂。1976年亏损数2.047万元（未包括一至五月份亏损数）。1973~1975年，董酒年产80吨左右，亏损额均在4.0万元左右，1976年亏损额亦按4.0万元考虑。

3. 1977年亏损额偏高，主要是刚刚从酒精厂里面独立出来建厂，添置低值易耗品（酒缸等）等摊销多造成的。

表1说明：

（1）董酒由"二次法"串香改进为"一次法"串香后，按现在年产三千吨规模计算，每年可节约高粱及小麦1 227.45吨，煤3 960吨，电195 000度（1度=1千瓦·时），水114 608吨，人工216 650个（每个工以8小时计）。生产成本支出费用一共可节约496 260元，利润亦相应增长496 260元。

另外可节省烤酒房及酒库土建面积1 470平方米，这也间接降低了生产成本。

（2）1980年至1986年盈利共计523.99万元。主要是采取"一次串香法"后节约带来的利润。还有就是采取"一次串香法"后，利用部分达不到董酒酒质标准的基酒，新开发的"窖粱酒"及"董窖"酒带来的销售收入。

董酒生产工艺中采用"一次串香法"是工艺中的重大改变，较好地保持了董酒的典型风格，减少了工序，更加简便。

"一次串香法"工艺要素主要有："两小、两大""堆积发酵""一次串香"和"科学勾兑"。

"一次串香"是对传统工艺中"翻烤"的改进，即将原工艺中一次蒸馏得高粱酒，二次蒸馏得董酒，改为将酒醅放在甑子下层，香醅放在酒醅上层，一次蒸馏取董酒。

"科学勾兑"，是考虑到酿造过程中，由于人、机（具）、料（原料）、环境等因素的变动，导致不同批次酒质的波动。为减少批次差别，采取小样勾兑，标准样品（实物）对比，以稳定和提高成品酒质量。

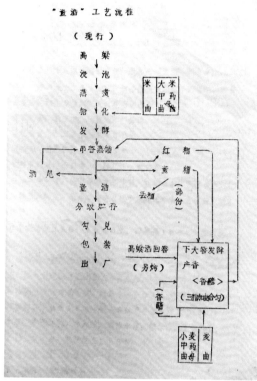

▶现行工艺流程图

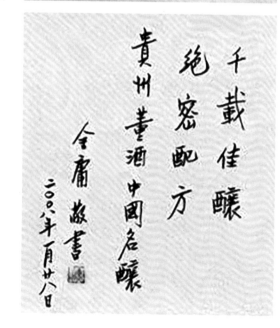

▶金庸先生题字

第三节　串香工艺

1980年后，在前期对"二次串香法"改为"一次串香法"的基础上，贾翘彦等对串蒸进行了进一步的摸索、对比。具体是对"一次串香法""二次串香法"和"双层串香法"（双层甑串香法），在相同条件下，进行重复、交叉试验对比。并对酒样进行品评鉴定及气相色谱分析，以验证"二次串香法"改为"一次串香法"的利弊。

"一次法串香法"即"双醅法"：同一甑中，在甑底先上高粱酒醅，接着把香醅加在其上，圆汽后，盖盘蒸馏出董酒。

"二次串香法"即"复蒸法"：先将高粱酒醅烤得高粱酒，交半成品库验收。第二天再由另外一个烤班领出，倒入底锅，加上适量水，酒度降为20～30度。再在甑底上香醅，圆汽后，盖盘蒸馏出董酒。

"双层串香法"：同一次蒸馏中，放上两层甑，下层上酒醅，上层甑上香醅。酒醅上层与香醅下层隔有10厘米左右的距离，圆汽后，盖盘蒸馏出董酒。

具体做法是：三种串香方法交叉对比，每天进行两种，每两种方法又重复对比一次。三种方法交叉，共进行了六天的串香的对比。一共取得蒸馏酒样12个，按试验顺序编为1～12号，四个号为一组，即1～4号为第一组，5～8号为第二组，9～12号为第三组。第一组是"一次法"和"二次法"实验对比；第二组是"一次法"和"双层法"试验对比；第三组是"二次法"和"双层法"试验对比。

每天的高粱酒醅及香醅从窖中取出后，要求在晾堂上充分拌匀，过秤平均分成二堆，供每天两种方法对比试验用。

试验全部完毕，将取得的十二个酒样编组品尝鉴定，并作气相色谱分析比较。试验有关情况见表2。

表2

实验日期	编号	串香方法	高粱酒醅净重(斤)	香醅净重(斤)	摘酒酒尾浓度(%vol 20℃)	二次法摘酒酒尾浓度(%vol 20℃)	蒸馏全程时间(小时)	三种方法蒸馏全程平均值(四次平均)	产酒数量(60°·斤)	平均产酒量(60°,二次平均)
9月1日	1	一次法	3 278	769.5	32.8		4.20	一次法 3.18 小时	324.0	一次法 297.0斤
9月1日	2	二次法	3 278	769.5	7.7	23.8	6.05		355.8	二次法 305.9斤
9月2日	3	一次法	3 388.8	1 122	49.0		2.40		270.0	
9月2日	4	二次法	3 388.8	1 122	6.85	40.0	5.25		256.0	
9月3日	5	一次法	3 735	1 120.4	44.1		3.10	二次法 5.33小时	303.0	一次法 308.4斤
9月3日	6	双层法	3 735	1 120.4	35.5		2.50		323.1	双层法 318.5斤
9月5日	7	一次法	3 304	1 083	39.2		3.02		310.0	
9月5日	8	双层法	3 304	1 083	36.2		2.55		313.8	
9月6日	9	二次法	3 348.8	1 151.4	36.3	36.3	5.38	双层法 2.54小时	288.5	二次法 286.5斤
9月6日	10	双层法	3 348.8	1 151.4	30.0		3.00		312.0	双层法 309.5斤
9月7日	11	二次法	3 385.6	1 084	11.4	40.2	5.05		284.5	
9月7日	12	双层法	3 385.6	1 084	38.9		2.50		307.0	

分析表2：

1. 出酒率：三种串香法对比，以"双层法"最好。"双层法"醅子较疏松，挡气少，烤酒断尾较好，出酒率较高。"一次法"与"二次法"串香比较，从平均产量看，相差不大，如果把酒尾折进去一起算，肯定"一次法"比"二次法"串香的出酒率高。"一次法"串香不会有底锅水带走部分酒份的损失，不会有半成品（高粱酒）取酒、交领酒、翻烤酒等中间环节造成的损失，操作得当，可以高出3%～5%酒精含量。

2. 用时："双层法"蒸馏时间最短，平均每酢2.54小时。其次是"一次法"为3.18小时。"二次法"最长，为5.3小时。"双层法"时间虽短，但操作要麻烦一些，要多铺、取一次甑，如把这个所费时间算进去，"双层法"和"一次法"在蒸酒操作方面所用总时间差不多。

3. 煤耗：蒸馏时间长的煤耗高，蒸馏时间短的煤耗低。"二次法"串香煤耗最高，"双层法"及"一次法"较低。根据蒸馏时间计算，"双层法""一次法"比"二次法"可节约煤40%左右。

4. 冷却水消耗：因蒸馏时间"一次法""双层法"比"二次法"缩短了40.33%～44.84%蒸馏时间，冷却水用量亦可节约40%～44%左右。

上述情况与1976～1979年实际情况是相印证的。

一、酒的品评

见表3。

表3　酒质品评

组别	编号	串香方法	每天两种串香方法对比所得酒样品评结果	各组品评结果
第一组	1号	一次法	香味1号较2号好，1号酒味略短涩，2号酒酸涩味较重。结果：1号比2号酒质好。	四个酒比较，由好到差顺序是：3号、1号、4号、2号。3号香味明显好，2号酸涩味明显较重。
	2号	二次法		
	3号	一次法	3号香味明显较好，回味较长，4号香味一般，略有酸涩味。结果：3号比4号酒质好。	
	4号	二次法		

组别	编号	串香方法	每天两种串香方法对比所得酒样品评结果	各组品评结果
第二组	5号	一次法	5号香味浓，己酸乙酯香味明显，但是有微涩感，6号香味一般，酸涩味稍重。 结果：5号比6号酒质好。	四个酒比较，由好到差顺序是：5号、6号、8号、7号，5号酒己酸乙酯香味浓，7号酸涩味稍重。5号酒在12个酒中也是最好的。
	6号	双层法		
	7号	一次法	7号比8号香味稍差，酸涩味7号稍重，7号还略带杂味。 结果：8号比7号酒质好。	
	8号	双层法		
第三组	9号	二次法	香味10号比9号好，10号回味也长，酸涩味9号比10号稍重。 结果：10号比9号好。	四个酒比较，由好到差顺序是：10号、12号、9号、11号。10号香味回味较好，11号酸、苦、涩味稍重。
	10号	双层法		
	11号	二次法	香味12号比11号好，11号酸及苦涩味稍重。 结果：12号比11号酒质好。	
	12号	双层法		

表3分析：

从品尝情况看，"一次法"与"二次法"比较：1号酒比2号酒好，3号酒比4号酒好。四个酒比，3号、1号酒好，2号酒差，说明"一次法"比"二次法"酒质好。

"一次法"与"双层法"比较：5号酒比6号酒好，7号酒比8号酒稍差。四个酒比，5号、6号酒好，7号稍差。这组酒"一次法"的5号酒特别好，己酸乙酯味较浓，回味较长，虽然全组比较"一次法"的7号酒稍差一点，但全面衡量，"一次法"的酒质比"双层法"的还是要好一点。

"二次法"与"双层法"比较：10号酒比9号酒好，12号酒比11号酒好。四个酒比，10号、12号酒好，11号最差，说明"双层法"比"二次法"酒质要好。

董酒往往有酸味及丁酸味过重的感觉。从12个试验酒样看，"一次法"酒的酸味情况较"二次法"及"双层法"为轻，而"二次法"及"双层法"的酸味及丁酸味感觉差不多。

综合以上情况，"一次法"串香酒质较好，"双层法"稍次，"二次法"较次。

需要说明的是，8号酒样整体不错，有个别指标表现突出。品评中，也有少数人提出8号酒样最优。但8号样只是个例，不能代表整体。不过，这也说明了"二次串香法"还有需要进一步研究的地方，其中有些环节，还要认真对待。

二、酒的气相色谱结果

影响董酒香味的主要酯类是乙酸乙酯、己酸乙酯及乳酸乙酯三大酯类，还有丁酸乙酯。有人认为乙缩醛含量高，对酒的香味也有好的影响。总酸及丁酸含量不宜过高，酸度大，酸涩味重。丁酸高，酒显臭味，令人不爽。提高董酒质量主要从增香、降酸、降丁酸考虑。

"一次串香法"较"二次串香法"，总酯、三大酯类及乙缩醛含量均有大幅度提高，总酸及丁酸却有较大幅度降低，酒质提升明显。

"一次法串香"较"双层串香法"，总酯、三大酯类及乙缩醛有一定提高，总酸及丁酸却有大幅度降低，酒质有改善。

"双层串香法"与"二次串香法"比较，总酯及三大酯类有较大幅度提高，乙缩醛有很大幅度提高，总酸及丁酸含量相差微小。从这些情况看，"双层串香法"酒质比"二次串香法"酒质也应该好。

理化指标（色谱分析）综合比较，酒质应是"一次串香法"较好，"双层串香法"稍次，"二次串香法"较次，这与前面感观品评结果是相印证的。

结论：

1.根据三种串香方法对比结果和多年生产实际，多数情况下，"一次串香法"在产量、质量、出酒率、降低消耗、节约劳动力、节约厂房建筑面积、简化中间环节、降低生产成本等方面有优势，特别是节约成本优势明显。同时，也降低了董酒酸味及丁酸味，改进了董酒口味，能够更好适应全国各地消费者的喜好。

	总酯	三大酯类	乙缩醛	总酸	丁酸
一次法	251.23	236.92	38.95	426.25	62.11
二次法	212.98	197.71	28.38	495.87	71.65
比　较	17.96%	19.83%	37.24%	13.96%	−13.31%
一次法	273.54	253.93	39.36	604.17	118.11
双层法	265.16	264.54	37.33	714.80	140.56
比　较	3.16%	3.00%	5.44%	−15.48%	−15.97%
双层法	288.21	266.47	44.53	607.26	95.86
二次法	250.32	226.58	30.33	616.43	94.91
比　较	15.14%	17.61%	48.82%	−1.49%	1%

表4　　　　　　　　　　　　　　　单位：毫克/100毫升

注：三大脂类为己酸乙酯、乙酸乙酯、乳酸乙酯。

2.串香工艺在液态白酒及代用品白酒的应用中，以"双层法"或"二次法"较好。液态白酒及代用品白酒，往往是总酸偏低、香味偏淡。"双层串香法"或"二次串香法"能够增酸。其中"双层串香法"与"二次串香法"比较，"双层串香法"优势明显，产量较高，串香蒸馏时间较短，煤耗较低，成本较低，酯含量较高，酒的香味较好。

不过，试验结果中，虽然大部分"一次法串香"样品指标好于"二次串香法"，但也有少量"二次串香法"样品，各指标好于"一次串香法"及"双层串香法"，原因尚有待研究。另外，"一次串香法"对下一轮香醅质量的影响，也没有长期观察研究、探讨。同时，各方法制备的样品，均是酿造后即进行品评和检测，没有静置待酒体稳定，更没有存放老熟。对陈放老熟后的变化，也需要后期观察分析。最重要的是，对比试验的理化检测指标只有骨架成分，没有协调成分，而往往协调成分对酒的细腻丰富起关键的修饰作用。

第四节　大师贾翘彦

▲贾翘彦

贾翘彦（1942—2019）先生之于董酒，作用要大于季克良之于茅台。贾翘彦，高级工程师、高级技师，中国名酒——董酒传承人。贾翘彦出生于江西省高安县上湖乡农民家中，历任遵义酒精厂董酒车间负责人、遵义董酒厂副厂长、总工程师、科研所所长、常务副厂长、法人代表、党委委员、党委副书记；贵州遵义振业董酒（集团）有限公司董事、总工程师、党委委员、贵州振业董酒股份有限公司总工程师、党委委员；贵州董酒股份有限公司总工程师，党委副书记等职。

1964年3月，贾翘彦由江西轻工业学院发酵专业大专毕业后，服从组织分配，到当时条件异常艰苦的遵义酒精厂（遵义酿酒厂）董酒车间工作。他从车间化验员到高级工程师，从车间技术干部到总工程师，一步一个脚印，在酿酒事业的崎岖道路上不断努力攀登。使董酒从20世纪五六十年代年产30～90吨的作坊式生产小车间达到年产8 000吨规模的中型企业；1992年高、低度董酒年销量达万吨，销售收入达2亿元，税利8 500余万元，为国家500强税利大户，排名第323位，在全国酿酒行业及名优白酒行业中名列前茅；董酒从1963年第二届全国评酒会至现在，一直保持了中国名酒（国家金质奖）荣誉称号。他是第三、四、五届白酒国家评酒委员；1992年被聘为香港国际食品博览会评委及国际博览会承办公司顾问；国家职业技能鉴定高级考评员；贵州省酿酒工业协会常务理事；中国白酒专业协会常务理事。

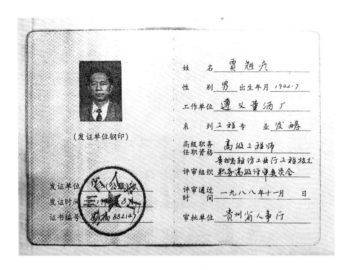

▲高级工程师资格证书

▲第三届全国评酒会聘书

▲第四届全国评酒会聘书

▲第五届全国评酒会聘书

▲贵州工学院客座教授证书

他在20世纪80年代中期主持董酒三个科研项目：（1）"低度董酒（董醇）的研制"项目；（2）"董酒香型的探讨"项目；（3）"董酒一次法串香（双醅法串香）及串香技术的研究"分别获得贵州省科学技术进步奖二、三、四等奖。

◀"董酒香型的探讨"
荣获贵州省科学进步
奖证书

◀"董酒一次串香双醅
法串香技术的研究"
荣获贵州省科学技术
进步奖证书

◀"低度董酒（董醇）
的研制"荣获贵州省
科学技术进步奖证书

他主持开发的38度低度董酒（董醇），1987年被评为轻工业部全国优秀新产品，还相继主持开发了28度、41度、46度、54度董酒，满足了市场需求。

他在继承董酒传统工艺的基础上，成功地改进了董酒串香工艺及香醅培养工艺，提高了勾兑调味水平，使董酒口味及风味日臻完美，深受全国各地客户青睐。

他是国家级科研项目——"茅台酒异地生产中试"项目的创始人及参与者。该项目通过国家级鉴定，获贵州省科学技术进步奖二等奖，产品"珍酒"获国家优质酒（银质奖）。为了支持家乡经济发展，20世纪80年代，遵义董酒厂领导委派他指导江西高安酿酒厂试制成功"董香型—瑞酒"，产品畅销高安及临近市场。该项目获高安县科技进步二等奖，他个人获振兴高安经济特等奖。

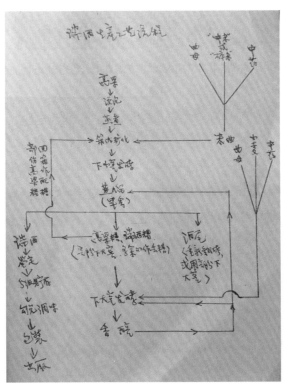

▲贾翘彦手迹

▲贾翘彦工作照

他年轻时，长期在董酒各道生产工序顶班劳动学习，精通董酒配方及生产工艺。多次到茅台、泸州老窖、汾酒、五粮液、西凤酒、古井贡酒、洋河大曲、双沟大曲、桂林三花酒、白云边、玉冰烧（佛山石湾酒厂）等名优酒厂跟班劳动或参观学习，开会交流经验，主持或参加科研开发、技术试点。其中参加时间较长的是轻工业部组织的、由白酒泰斗周恒刚专家领导的、1964年10月—1965年5月和1965年10月—1966年3月开展的两期"茅台酒技术试点"工作，这让他通晓国内各类香型白酒生产工艺，具备了比较坚实的酿酒理论知识及丰富的实践经验，擅长解决制曲、酿酒、勾兑调味等方面生产技术中出现的疑难问题。

▲茅台试点留影

西凤酒在1952年和1963年第一、二届全国评酒会上，被评为国家名酒。然而就是这样一款历史名酒，却在1979年第三届全国评酒会上，由国家名酒降为国家优质酒，在全国引起了很大震动。贾翘彦和全国其他专家、学者和同行针对西凤酒的微量成分组成、工艺及香型特征认为：西凤酒不属于现有白酒香型中的任何一类，另立种新香型的条件已基本成熟。在1984年的第四届全国评酒会上，西凤酒作为其他香型中的凤型酒组参评，终于恢复了国家名酒地位，并荣获国家优质食品金质奖，这次获奖也为后来新立白酒凤香型奠定了基础。

▲陕西省轻工业局致贾翘彦的信件

他在贵州省、遵义市多次组织的酿酒、评酒、化验培训班和技工、技师、高级技师培训班讲课（仁怀市及贵州茅台酒厂），遵义市技工学校一九八三年度"酿酒工艺学"班兼职讲授专业课等，为遵义及贵州培训了大批酿酒人才，并且为公司带培出一批生产技术骨干及科技人才，这些人才为贵州及遵义酿酒事业作出了较大贡献或正在作贡献。

1992年，他被评选为享受国务院政府特殊津贴（专家）、贵州省首批省管专家；贵州工学院《发酵工程》专业客座教授；曾任遵义市（县级市）多届政协常委、遵义市第一届人民代表大会代表、贵州省微生物学会副理事长，被中国食品工业协会白酒专业协会聘为第一届第十次常务理事；荣获遵义市多届技术拔尖人才称号；遵义市及红花岗区科技决策咨询委员。2000年7月，被贵州省食品工业协会聘为贵州省白酒专家组副组长；曾为贵州省食品工业协会白酒专家组顾问，贵州省酿酒协会白酒专家委员会委员。2009年3月被聘为贵州大学化学与化工学院农业推广（食品加工与安全领域）硕士点硕士研究生校外导师。2009年10月被评为全国标准样品技术委员会第三届酒类标样分技术委员会委员。2010年11月被聘为中国酒道研究专家委员会专

▲国务院授予贾翘彦政府特殊津贴证书

家。2013年5月被聘为贵州省第七届白酒评委专家委员会顾问。

他著有《董酒一次法串香（双醅法串香）及串香技术的研究》；牵头写作《董酒香型的探讨》《确定董酒为"董型"白酒的研究报告》《董酒中痕量茴香醚及肉桂醛成分的富集与检测》《发酵过程对董酒酒曲中小茴肉桂等中药成分的影响》等论文，均在国家级《酿酒科技》及《酿酒》杂志发表；《董型曲》论文入选《中国酒曲》一书（中国轻工业出版社出版）。

贾翘彦在半个世纪的工作中，一直把控董酒生产中的关键环节，着力酿造出风味迥异的健康白酒。在继承董酒传统工艺的基础上，成功地改进了董酒串香工艺及香醅的培养工艺，使酒口味、风格日趋完善，使董酒品质始终如一，屡获国内外大奖。通过对董酒香型的探讨，完善了董香型白酒的理论基础，为中国白酒增加了一款重要香型。作为白酒行业的专家，他常年活跃在全国各种白酒评比和交流活动中，对中国白酒酿造工艺的发展影响深远。贾翘彦执著于大半生的酿造事业，为中国白酒做出了巨大贡献。

▲国家白酒一级品酒师肖兮就董香型白酒相关理论问题
　请教贾翘彦先生

▲贾翘彦先生指导肖兮品鉴董香型白酒

附1：

贾翘彦与瑞酒

瑞酒是江西名酒之一，产自江西高安。瑞酒选用优质高粱、小麦、大米为主要原料，取优质泉水精心酿制而成。该酒酒液澄清、透明，无悬浮、沉淀物，香气幽雅、入口绵柔、醇甜，香味协调，回味爽净，风格典型，属于董香型白酒。

▲瑞酒

江西省高安县酒厂原来只生产普通白酒，改革开放后，人们的生活水平逐步提高，对优质白酒的需求越来越大。轻工业部对酿酒工业发展方向上强调指出，普通白酒要向优质白酒转变。《1981年—2000年全国食品工业发展纲要》对酿酒工业同样指出，要逐步增加优质白酒比例。发展优质白酒和低度白酒，是当时酿酒企业的重要风向标。高安县酒厂密切关注和足够重视这些酿酒信息，酒厂也准备增加优质白酒生产以适应市场需求，但苦于技术和设备的限制，迟迟没有动作，酒厂的效益逐步下滑，生产一蹶不振。正在酒厂一筹莫展的时候，董酒厂总工程师、著名酿酒专家贾翘彦回高安探亲，给高安酒厂带来了希望。

贾翘彦，1942年7月出生于江西高安上湖乡，高级工程师、高级技师，中国老八大名酒——董酒传承人。毕业于原江西轻工业学院，国务院政府特殊津贴享受者，贵州省首批省管专家，贵州省遵义市专业技术拔尖人才，贵州省遵义市第一届人民代表大会代表，第三、四、五届全国白酒评委，中国白酒专业协会常务理事。

在贾翘彦的帮助下，1986年6月上旬，高安酒厂在省、地、县各级政府有关部门的支持下，组织了以姜绍先顾问及金友矗副县长为首的考察团，在遵义市政府和遵义酒厂的大力支持下，圆满完成了考察任务，并于6月12日达成了遵义董酒厂支援江西高安县酒厂兴建一条中档优质酒生产线的协议，签订了《合作纪要》。酒厂于6月25日向宜春地区经委申报了扩建年产300吨优质白酒生产线方案，宜春市经委于1986年7月30日正式批准该项目。

1987年8月贾翘彦工程师赴高安县实地考察建厂地点、水质、土壤以及气候等环境因素。（1）水质：酿酒用水经江西省地质局九〇二队实验室作了全面分析，各项指标均达到国家生活饮用水标准，作为酿酒用水没有问题。（2）土质：主要考虑筑窖用土问题，在高安附近找到了类似遵义白

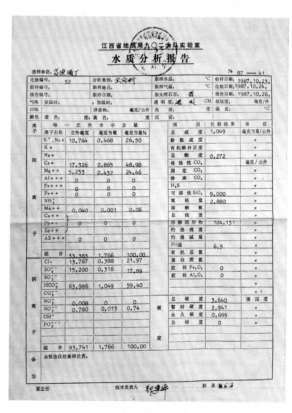

▲水质分析报告

善泥土，基本解决了筑窖用土问题。（3）气候：高安县和遵义市气候相比主要是夏季温度较高，不利于制曲外，其他季节与遵义气候差别不大。

贾翘彦与高安县和酒厂的领导商定优质酒采用仿董酒生产工艺路线。考虑到董酒生产成本较高，酒厂生产的是中档优质酒，所以贾翘彦对董酒的生产工艺进行了适当改进，以降低生产成本。

1.小曲和麦曲中的中药配方数减少，名贵中药减少，总用药量减少，小曲由95味改为36味，减少59味；麦曲由40味改为22味，减少18味。名贵中药减少10余味。总用药量由5%改为3%，减少2%。

小曲36味

名称	重量（克）	名称	重量（克）	名称	重量（克）	名称	重量（克）
地丁	4	肉桂	8	独活	12	白芍	12
川芎	8	麦芽	16	当归	12	巴豆	6
北辛	12	麻黄	20	茯苓皮	16	薄荷	12
草乌	8	黄柏	6	神曲	10	木香	12
硫磺	3	半夏	8	菊花	8	升麻	16
黄芪	12	杜仲	8	牛膝	8	小茴	12
大茴	4	赤芍	8	辣蓼	50	三奈	10
陈皮	10	生地	8	蛇床子	6	甘草	10
马鞭草	10	南星	8	茵陈	12	大黄	8

大曲药单

名称	重量（克）	名称	重量（克）	名称	重量（克）	名称	重量（克）
川芎	8	当归	10	枸杞	10	生地	10
熟地	10	黄芪	12	柴胡	10	杜仲	10
枣仁	15	黄精	12	麻黄	18	小茴	10
大茴	6	虫草	2	龟胶	2	鹿胶	2
三奈	8	白芍	15	益智仁	12	红花	8
白术	10	山药	15				

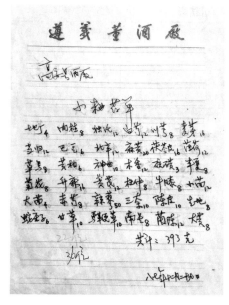

▲小曲药单

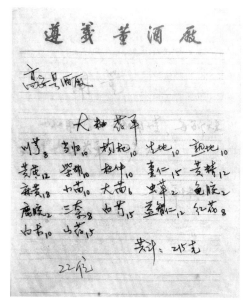

▲大曲药单

2.酒度由59±1度降为54±1度。

3.新酒贮存期由一年改为半年。

经努力，《高安县酒厂新增名优白酒生产线技改方案》很快就得到了宜春地区行政公署经济委员会的批复。当年10月，酒厂开始技改建设，1987年底工程完工。在这期间，高安酒厂从生产一线抽出六名技术、生产骨干，由皮厂长带队，到遵义董酒厂跟班学习制作大曲、小曲和烤酒，熟悉工艺流程。1987年底，在贾翘彦的亲自指导下，经过投料、发酵和烤酒等一系列工艺流程，试制出了第一批酒，经过各方品鉴，均受到好评。

试制酒常规理化分析结果

	酒精度（V%、20℃）	总酸（以乙酸计克/100毫升）	总酯（以乙酸乙酯计克/100毫升）	杂醇油（以异戊醇计克/100毫升）	甲醇（克/100毫升）	固形物（克/100毫升）
1	54.3	0.299	0.231	0.176	0.027	0.010
2	54.1	0.310	0.203	0.140	0.020	0.004

试制酒气相色谱分析结果

	甲醇	乙酸乙酯	正丙醇	仲丁醇	乙缩醇	异丁醇	正丁醇	丁酸乙酯	异戊醇	乳酸乙酯	正己醇	乙酸乙酯
1	8.88	180.77	71.75	14.60	25.46	44.43	5.24	13.69	83.61	86.12	4.21	21.98
2	5.78	102.79	72.39	23.64	17.35	32.09	24.03	12.76	70.61	46.68	10.58	51.53

试制酒品评意见

	评　语
1	无色透明、酯香带有药香、醇和、协调、较甘爽、味略短、尾略涩。具董酒类型典型风格。
2	无色透明、酯香较浓、带有药香、味较浓郁甘爽、回味较长。具有董酒典型风格特征。

因高安古称瑞州，故酒名瑞，定名为"瑞酒"，亦取意吉祥、好兆头。一款董香型白酒在贾翘彦先生的悉心指导下诞生了。

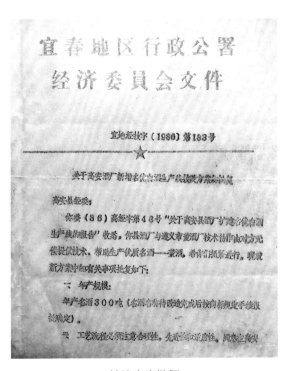

技改方案批复

附2:《董酒工艺、香型和风格研究》载于《酿酒》1992年第10期

董酒工艺、香型和风格研究
——"董型"酒探讨

董酒1963年参加全国第二届评酒会议,一跃而被评为全国八大名酒之一,从而闻名于全国。至今已连续四届蝉联国家名酒称号。

董酒的串香工艺已普遍为国内的酒厂采用,对提高全国中、低档白酒质量起了很大的推动作用。因此,董酒在国内是一个很有影响力的酒。素有"茅台国酒甲天下,董酒贵州半边天"之说。

董酒在工艺上以及成品酒风格上的与众不同的特点,早已为国内白酒界专家们所共识。近几年来,随着分析手段的现代化,对董酒微量成分以及量比关系,进行了深入的研究,对董酒香型上的特征也了解比较清楚了。现就董酒工艺、香型和风格上的独特性报告如下:

一、董酒独特的酿造工艺

董酒独特的酿造工艺,可概括成四个方面:使用大、小曲作糖化发酵剂;制曲时添加很少量中药材;采用特殊的窖泥材料;采用独特的串香工艺。

1. 采用独特的大、小曲工艺

国家级名酒几乎都采用大曲酿造工艺,唯独董酒采用大、小曲工艺。它以破碎的小麦制成大曲,大米破碎后做成小曲。经微生物分离测定,大曲和小曲在微生物的种类和量比上都是不同的。小曲以糖化菌、酵母菌为主,大曲中除糖化菌、酵母外,众多的产香微生物不可忽视。大、小曲的结合,大大地扩展了酿酒微生物的范围和种类,并能起到一种互补的作用。可以说,参予董酒酿造的微生物群,要比许多大曲酒丰富得多。

2. 制曲时添加少量中药材

添加中药材是董酒工艺的特殊性。制大曲时要添加40味中药材,制小曲时要添加95味中药材。添加中药材的作用有二:一是为董酒提供舒适的药香;二是中药材对制曲制酒微生物有促进或抑制作用。这里先论述中药材对微生物的影响。试验结果表明:中药材对酵母菌影响较大,对曲霉次之,对根霉的生长影响甚小。

对酵母有明显促进作用的有:当归、细辛、青皮、柴胡、熟地、虫草、红花、羌活、花粉、天南星、独活、萎壳。对酵母菌有明显抑制作用的有:斑毛、朱砂、穿山甲。无明

显作用的有：白芍、灵芝、贝母、广香、马钱子、荆芥、升麻、薄荷、防己。

我们还观察到，董酒生产中的产酒酵母和一般酒精酵母比较，在耐中药性上有明显的差异，如我们分离的编号为D_4酵母比一般酒精酵母对中药材有较强的适应性。

3. 采用特殊的窖泥材料

生产董酒的窖泥材料很特殊，采用当地的白泥和石灰为主要材料，并用当地产的洋桃藤泡汁拌和抹于窖壁，使窖池偏碱性。这样的窖泥结构对董酒香醅的形成极为重要，只有在这样的窖池材料下，丁酸乙脂与乙酸乙脂、己酸乙脂的量比关系，丁酸与乙酸、己酸的量比关系，才能形成符合董酒风格的量比关系。

4. 采用独特的串香工艺

在国家级名酒中，唯有董酒采用串香工艺。董酒生产采用大曲制香醅，小曲制高粱酒醅，蒸酒时，大曲香醅在上，高粱小曲酒醅在下，进行串蒸。

这里要着重提出的是董酒香醅的制备很特殊：一是制作工艺复杂，它是由高粱酒糟、董酒糟、香醅（未经过蒸馏）三部分加大曲组成，它类似浓香型双轮底又不是双轮底；二是发酵周期长达10个月。董酒的风格主要蕴藏在香醅中，它是构成董酒风格的关键，通过串蒸形成董酒。

以上是董酒在工艺上的四大特殊性。

二、董酒主要微量成分的特性

董酒微量成分的特性主要表现在董酒的药香、董酒的酯香、董酒的高级醇类、董酒的醇酯比、董酒的酸五个方面，可分别论述如下：

1. 董酒的药香

药香在董酒中含量极微，估计为ppb级，目前分析仪器还不能有效地对它进行分离和测定，即直接从董酒中测定出药香成分目前还做不到，只能借助人的感觉来进行探讨。因此，这种探讨是粗略的。

通过对中药材闻香和对提香液闻香，对中药材作了如下分类：（1）浓郁的药香有：肉桂、官桂、八角、桂皮、小茴、花椒、藿香7种。（2）清沁的药香有：羌活、良姜、前服、淮通、合香、半夏、荆芥、大复皮、茵陈、前红、香菇、山楂、干姜、干松、木贼、蒿本、知母、麻黄、大黄，共计19种，最后两种清雅带麻。（3）舒适的药香有：独活、无参、白术、黄柏、白芷、积实、甘叶、厚朴、茯苓、白芥子、柴胡、泽泻、天冬、木瓜、黑固子、苍术、升麻、菱壳、枝子、香附、牛勺、雷丸、远志、羌活、黄精、化红、生地、朱苓、杜仲、五加皮、山奈、丹皮、吴于，计33种，后4种香味更为舒适。（4）淡雅的药香有：元参、马鞭草、防风、防杞、桔梗、瞿麦、红花、白附子、猪牙皂、白芍、枸杞、花粉、恙蚕、付片，共14种。

按每种中药材呈香情况，逐个与董酒香气进行对照，选取了26种认为比较重要的中药材，它们是：肉桂、八角、小茴、花椒、藿香、荆芥、升麻、麻黄、蒿本、知母、山奈、甘草、独活、桔皮、五加皮、天冬、香菇、黑固子、厚朴、木瓜、木贼、丹皮、香附、当归、良姜、白芍。

为了摸清药香在董酒中的重要性，我们模拟了一个与董酒各类成分含量很接近的酒，一个添加中药材提取液，一个不添加，结果添加微量中药材提取液的酒，董酒香型顿时变得明显起来，而没有添加提取液的酒，则与董酒风格相差甚远。

模拟试验说明：药香在董酒中的重要性，药香在董酒香型中起着不可替代的重要作用。

2. 董酒的酯香

董酒的酯香主要也是由乙酸乙酯、丁酸乙酯、己酸乙酯、乳酸乙酯四大酯类组成。但它们在量比关系上，突出的不同点表现在以下三个方面：

（1）董酒的酯类含量中，各种酯类不似浓香或清香型酒有主体酯香。

表1为四大酯类在三种香型白酒中的含量和比例。

表1　　　　　　　　　　　　　　　　　　　　　　　　　　　　　　（mg/100ml）

成分＼酒样含量	泸州特曲		汾酒		董酒	
	含量	比例	含量	比例	含量	比例
乙酸乙酯	162.65	29.0%	243.80	55.1%	161.76	46.0%
丁酸乙酯	28.92	5.2%	1.55	0.3%	31.57	9.0%
乳酸乙酯	149.40	26.7%	195.40	44.1%	61.08	17.4%
己酸乙酯	219.03	39.1%	0	0	87.32	24.9%

显然，汾酒是以乙酸乙酯为其主体香气成分的，泸州特曲是以己酸乙酯为其主体香气成分，而董酒酯类含量是平衡的，它不突出某一种酯类，而以复合酯香表现。

（2）董酒的丁酸乙酯含量高，丁酸乙酯与己酸乙酯的比例也高，一般在0.3～0.5∶1之间，高于其他名白酒3至4倍。

表2是几种名白酒的丁酸乙酯和己酸乙酯的含量及它们的比例。

表2　　　　　　　　　　　　　　　　　　　　　　　　　　　　　　（mg/100ml）

成分＼酒样	董酒	泸州特曲	五粮液	洋河大曲	古井贡酒
丁酸乙酯	31.57	28.92	19.86	15.28	13.95
己酸乙酯	87.32	219.03	196.35	190.23	163.82
丁酯与乙酯比	0.36∶1	0.13∶1	0.1∶1	0.08∶1	0.08∶1

丁酸乙酯香气也很浓郁，但与己酸乙酯比起来，明显清雅爽口。董酒酯香幽雅，入口又较浓郁，这与丁酸乙酯含量高，丁、己酸比例高有很大关系。

（3）董酒的乳酸乙酯含量低（表1），董酒的乳酸乙酯含量约为其他名白酒的二分之一到三分之一。

乳酸乙酯一般来说，它赋予白酒好的风味，在一定程度上乳酸乙酯代表了固体白酒的风格。然而就董酒而言，乳酸乙酯含量较低，有利于突出董酒甘爽的风格。

3. 董酒的高级醇

董酒在高级醇含量方面的特点表现为正丙醇、仲丁醇含量高。正丙醇高出其他类型名白酒一至数倍，仲丁醇高出其他类型名白酒五至十倍（表3）。这是董酒在香型上一个明显的特征。

董酒正丙醇加仲丁醇的含量大大超过异丁醇加异戊醇的含量。正丙醇、仲丁醇都有比较好的呈香感，香气清雅，它与酯香复合，突出了董酒在香型上香气幽雅的风格。

表3 　　　　　　　　　几种名白酒的高级醇含量 　　　　　（mg/100ml）

分析项目 ＼ 酒样	董酒	泸州特曲	五粮液	古井贡酒	洋河大曲	汾酒
正丙醇	126.69	52.71	30.80	25.80	24.54	22.68
仲丁醇	67.60	6.59	10.79	8.37	10.52	1.34
异丁醇	41.34	12.28	14.55	14.29	11.46	23.17
正丁醇	31.57	9.12.	8.94	11.74	11.37	0.83
异戊醇	90.36	41.09	42.85	28.90	22.14	46.88
正己醇	17.06	0.53	8.67	13.36	8.67	／

4. 董酒的醇酯比

和其他名白酒不一样，董酒的醇酯比＞1，即醇大于酯。董酒的醇含量大于酯，是董酒在香型上的又一特征。

董酒醇酮比一般在1∶0.8～1.0范围内，而其他名白酒的醇酯比则在1∶3以上。醇酯比大于1或小于1，确实反映了白酒在不同酿造工艺条件下酒的特点。醇酯比小于1（酯大于醇），说明酯在该酒的香型中占有较为突出的地位；醇酯比大于1（醇大于酯），说明高级醇类在该酒中其呈香呈味也占有较为重要的地位。

5. 董酒的酸类

董酒酸类含量较大，主要起呈味的作用。此外它还能与酒中的醇、酯类起协调、平衡和缓冲的作用。但董酒与其他名白酒比较，最突出的不同，表现在以下两个方面：

（1）董酒酸含量大于酯　其他名白酒都是酯大于酸，而董酒却是酸大于酯（见表5）。

董酒酸酯比一般在1∶0.6～0.8之间，而对照名白酒酸酯比都在1∶2以上。

董酒酸含量大于酯，是董酒在香气组成上又一特征，是在董酒特殊工艺条件下形成的，对董酒后味的爽口起着重要的作用。

（2）董酒丁酸含量高（表5）　董酒中丁酸含量很高，高出其他名白酒数倍乃至十倍，是董酒香气组成上一个重要的特征。

丁酸浓时带臭，淡时带轻度愉快的香气，使人有清沁的感觉。它与酯类复合后的香

表4 　　　　　　　　　　几种名白酒的高级醇酯比 　　　　　　　　　　（mg/100ml）

成分 ＼ 酒样	董酒	泸州特曲	五粮液	古井贡酒	洋河大曲	汾酒
甲　醇	17.50	31.93	18.42	21.61	20.21	16.61
乙酸乙酯	161.76	162.65	144.93	114.78	100.08	243.80
正 丙 醇	126.69	28.51	30.12	25.80	24.54	22.68
仲 丁 醇	67.60	14.26	10.79	8.37	10.52	1.34
异 丁 醇	41.34	13.75	14.55	14.29	11.46	23.17
正 丁 醇	29.99	11.21	8.94	11.74	11.37	0.83
丁酸乙酯	31.57	28.92	19.86	18.90	22.14	1.55
异 戊 醇	90.36	30.03	42.85	28.90	22.14	46.88
乙酸异戊酯	3.56	1.85	0.22	2.61	1.81	1.84
戊酸乙酯	5.71	5.84	5.80	4.66	5.80	/
乳酸乙酯	61.80	149.40	110.13	100.14	190.23	195.40
正 己 醇	17.06	14.17	8.67	13.36	8.61	/
己酸乙酯	87.32	219.08	196.35	163.82	183.13	/
总　酯	351.00	560.05.	477.07	464.96	496.33	442.59
总　醇	382.54	143.86	134.34	124.07	108.91	111.51
醇 酯 比	1：0.91	1：3.9	1：3.6	1：3.8	1：4.6	1：4.0

表5 　　　　　　　　　　几种白酒的酸酯比 　　　　　　　　　　（mg/100ml）

成分 ＼ 酒样	董酒	泸州特曲	五粮液	古井贡酒	洋河大曲	汾酒
乙酸乙酯	161.76	162.65	144.93	114.76	100.08	243.80
丁酸乙酯	31.57	28.92	19.86	13.95	15.28	1.55
乙酸异戊酯	3.56	1.85	0.22	2.61	1.81	1.84
戊酸乙酯	5.71	5.84	5.80	4.66	5.80	/
乳酸乙酯	61.08	149.40	110.13	160.14	190.23	195.40
己酸乙酯	87.32	219.08	196.35	163.82	183.13	/
甲　酸	1.09	2.58	2.12	2.62	1.06	0.33
乙　酸	240.00	59.62	52.72	64.15	48.56	103.41
丙　酸	25.51	1.66	1.76	1.88	1.53	0.79
丁　酸	102.31	17.87	12.00	15.43	12.72	0.87
戊　酸	16.81	4.73	2.72	2.82	2:27	0.87
乙　酸	156.87	65.03	30.78	61.81	35.91	0.48
乳　酸	39.35	60.07	31 .69	58.00	48.26	81.59
总　酯	351.00	560.05	477.07	464.96	496.33	442.59
总　酸	611.51	211.56	133.28	206.73	150.70	188.00
酸 酯 比	1：0.58	1：2.6	1：3.6	1：2.7	1：3.3	1：2.4

气，这种作用就更为明显。例如在己酸乙酯的乙醇溶液中添加不同含量丁酸的试验表明（表6）：配制的己酯浓度为100毫克/100毫升（大致相当于董酒中己酸乙酯的含量）时，添加的丁酸量低于50毫克/100毫升时，闻香和味感都比对照样好。

为了进一步说明丁酸在董酒中的地位和作用，又做了如下试验：在模拟董酒（添加微量中药材复合提取液，除不配入丁酸外，其他微量成分接近董酒）中，配入不同量的丁酸，结果如表7。

表6   己酸乙酯的乙醇溶液中添加丁酸的试验

在100ml 60%乙醇溶液中 己酸乙酯的含量（ml）	在100ml 60%乙醇溶液中 添加丁酸的量（mg）	感官评语
100	0	对照样，己酸乙酯香单调，闷人
100	0.5	己酸乙酯香单调，闷人
100	5	己酸乙酯香单调
100	10	己酸乙酯香单调
100	20	己酸乙酯香，稍感协调
100	50	己酸乙酯香，稍感协调
100	100	己酸乙酯香，丁酸臭露头
100	200	己酸乙酯香，丁酸臭明显

表7

在模拟酒100ml中 配入丁酸的量（mg）	酒的香型品评情况
0	酯香明显，药香较单调，酯香和药香是分离的，董酒风格不明显。
50	酯香和药香的舒适感都有增加，有一点董酒风格。
100	有较舒适的香气，药香似乎有减羽，带有较明显的董酒风格。
150	有较舒适的香气，带有较明显的董酒风格，丁酸臭有点露头。

从表7看，模拟酒中加入适量丁酸，其风格逐渐向董酒风格靠拢。这一实例反映出丁酸在董酒香型中的地位和作用。

从表7实例中还可以看出：丁酸与酒中药香成分复合，使药香变得更为幽雅舒适；丁酸与酒中醇、酯等复合，使酯香变得较为协调舒适。因此丁酸在董酒中的作用是极为明显和重要的。

综上所述，董酒香型上的独特性可概括为：（1）药香、酯香、丁酸等香气香味成分的复合，构成了董酒香气幽雅而舒适的风格，这是董酒香型上的最主要特征之一；（2）和其他名白酒比较，董酒在香气香味组分含量的量比关系上，可以概括成"三高一低"。一高是丁酸乙酯含量高，丁、己酯比是其他名白酒的三至四倍；二高是高级醇含量高，主要指正丙醇、仲丁醇含量高；三高是总酸含量高，它是其他名白酒酸含量的二至三倍，其中又以丁酸含量为其主要特征；一低是乳酸乙酯含量低。这些都是董酒香型的重要特征。

三、董酒串香工艺与香型形成的关系

1. 董酒的香气主要来自于串蒸工艺的香醅

董酒生产采用传统的串香工艺，董酒香型的形成与该种独特工艺的关系很大。表8反映董酒香型与串蒸用的小曲酒香醅的关系。表9反映董酒香型与串蒸用大曲香醅的关系。

从表8、表9及品评试验中看出，董酒的药香、酯香中的丁酸酯、乙酸酯，高级醇中的正丙醇、仲丁醇，酸类中的己酸主要来源于大曲香醅。酯类中的乳酸乙酯和高级醇中的异丁醇、异戊醇及酸类中的丁酸主要来源于串蒸用的小曲高粱酒醅。

表8	董酒香型与串蒸用小曲酒醅关系				（mg/100ml）
样品含量 组成	董酒	董酒	董酒	小曲酒	小曲酒
乙　　醛	19.61	16.23	17.79	11.88	10.78
甲　　醇	24.88	15.43	17.50	12.71	14.66
乙酸乙酯	163.73	142.11	161.76	93.02	91.43
正 丙 醇	238.55	115.80	126.69	51.43	47.53
仲 丁 醇	119.83	70.92	6.60	28.31	39.48
乙 缩 醛	49.10	28.92	28.33	22.25	18.20
异 丁 醇	47.64	40.38	41.34	50.24	55.19
正 丁 醇	42.44	21.97	21.99	32.44	29.25
丁酸乙酯	40.51	28.98	31.57	5.66	5.09
异 戊 醇	99.75	90.60	90.36	88.50	88.76
乙酸异戊酯	7.80	2.57	3.56	1.83	2.71
戊酸乙酯	7.41	3.67	5.71	/	/
乳酸乙酯	42.23	56.99	61.08	107.29	112.13
正 己 醇	38.22	19.74	17.06	5.26	3.47
己酸乙酯	101.34	82.39	87.32	3.82	3.78
甲　　酸	1.71	1.39	1.09	0.34	0.44
乙　　酸	170.67	250.85	240.00	88.85	78.35
丙　　酸	26.66	27.45	25.51	10.82	10.81
丁　　酸	65.65	110.03	102.31	74.97	83.76
戊　　酸	11.00	18.26	16.81	2.70	2.69
己　　酸	113.24	152.22	156.87	2.94	1.14
庚　　酸	1.38	1.62	1.61	/	/
乳　　酸	44.51	48.69	39.35	26.14	27.35

表9	董酒香型与串蒸用大曲香醅和小曲酒醅的关系		（mg/100ml）
样品 组品	纯高粱小曲酒醅蒸馏得酒	纯香醅蒸馏得酒	香醅串蒸得酒（蒸酒基酒）
乙　　醛	25.99	9.25	16.70
甲　　醇	13.59	25.37	17.65
乙酸乙酯	61.88	65.18	82.82
正 丙 醇	34.07	210.42	117.17
仲 丁 醇	11.10	251.91	126.87
乙 缩 醛	/	14.97	19.64
异 丁 醇	40.76	8.93	42.29
正 丁 醇	1.72	30.44	18.84
丁酸乙酯	2.16	14.40	10.97
异 戊 醇	89.10	26.83	88.23
乙酸异戊酯	/	3.83	5.99
戊酸乙酯	/	5.47	/
乳酸乙酯	121.75	14.16	122.75
正 己 醇	/	14.71	/
己酸乙酯	/	93.44	31.28

2. 串蒸过程中香气成分的动向

在董酒生产蒸馏过程中，我们接取前中后三部分馏分，并对这三部分馏分进行香气成分分析，结果见表10。

表10	蒸馏过程中香气成分的动向		（mg/100ml）
样品含量 组分	馏分1（前）	馏分2（中）	馏分3（后）
乙　醛	59.99	17.55	3.79
甲酸乙酯	21.71	2.31	0.29
乙酸乙酯	281.45	62.84	31.36
乙缩醛	161.35	29.67	1.72
仲丁醇	276.27	56.20	11.58
正丙醇	266.25	89.90	38.58
异丁醇	129.38	46.81	9.25
乙酸异戊酯	7.80	3.16	1.05
戊酸乙酯	4.48	／	／
正丁醇	39.97	16.48	5.60
异戊醇	182.83	95.49	27.94
己酸乙酯	130.97	47.39	23.97
正戊醇	4.91	3.45	／
乳酸乙酯	67.64	67.24	165.05
正己醇	／	4.08	5.67
甲　酸	1.37	1.59	2.96
乙　酸	153.17	291.06	406.58
丙　酸	16.92	35.82	54.17
丁　酸	66.69	166.25	251.61
戊　酸	11.58	29.68	44.69
己　酸	125.31	328.88	494.02
乳　酸	16.15	41.39	85.17

　　从表10看出，乙酸乙酯、丁酸乙酯、己酸乙酯、正丙醇、乙缩醛等香气香味成分集中在前部馏分，异丁醇、异戊醇也是前馏分多，这些香气香味成分都是随着馏分增加含量呈阶梯式下降。药香也集中在前部馏分。后部馏分是乳酸乙酯多，各种有机酸多，这些香气香味成分都呈阶梯式上升。整个动向比较有规则，掌握蒸馏过程中香气成分的动向，对我们不断改进工艺、提高产品质量是非常重要的。

四、董酒在感官方面的独特风格

　　董酒在感官方面的独特风格，可归纳成四句话：酒液清澈透明；香气幽雅舒适；入口醇和浓郁；饮后甘爽味长。

1. 董酒的透明性极好

　　白酒的透明程度与酒中所含浑浊物质的量有关。酒中浑浊物质是一些特定的高级脂肪酸酯类，能溶解于高度酒中。酒中浑浊物质越少，酒的透明度就越好。

　　各种香型的白酒都含有浑浊物质，但在含量上不全相同，表现在各种香型的白酒加水稀释，当稀释的酒液刚刚开始出现浑浊（以肉眼能分辨出来为准）时，它们各自的酒度不一样（表11）。

表11	各种香型酒加水稀释刚出现浑浊时的酒度				
各种香型酒名称	董酒	汾酒	茅台酒	泸州特曲	三花酒
香　型	其他香型	清香型	酱香型	浓香型	米香型
原酒加水稀释刚开始出现浑浊时的酒度	45.2	47.0	47.2	48.7	49.7

从表11看出，董酒含浑浊物质最少，所以董酒色泽最晶莹透亮，其次为汾酒和茅台酒，浓香型酒和米香型酒浑浊物质含量较高，评酒时酒度稍低的浓香型敞开时间稍长一些就常常出现浑浊，可能就是这个原因。

2. 董酒香气幽雅舒适

董酒在香气上确有许多与众不同的特点，形成了自己特有的风格，这可以从三个方面进行论述：

（1）董酒的香气高雅、自然，清而不淡，香而不酽，为许多消费者所喜饮。当人们举杯欲饮时，首先感到一股幽雅的芳香扑面而来，使人赏心悦目。

（2）熟悉、爱饮董酒的消费者，则感觉董酒有一种特殊舒适的香气，这种香气是由于董酒特有的药香、酯香、酸类等多种香气香味成分的复合。

（3）董酒幽雅舒适的香气，在人的嗅觉器官中保留时间较长。饮者一面酌饮，一面回味，余香绵绵。

3. 董酒入口醇和浓郁

是指董酒入口和顺，既醇又香，香而不暴，不干喉、不上头、不上火。这是由于董酒独特的串香工艺决定的，它集大曲酒浓郁的芳香和小曲酒醇和绵甜为一体。

4. 董酒饮后甘爽味长

是指董酒味甘润、甘洌，爽而不腻，爽而不涩，饮后余香绵绵。董酒的甘爽味长是由于它独特的醇高、酸高含量形成的。

以上仅是董酒风格上最主要的独特部分。著名白酒专家周恒刚到厂指导工作时说过："董酒有许多独特的地方，只要去研究，特点就可以总结出来。"白酒专家沈怡芳来贵州做学术讲座时说过："董酒的最大特点是香气幽雅舒适，药香恰到好处，贵州的同志已经在这方面做了大量的研究工作。"白酒专家曹述舜一再提出："董酒有三独特：工艺独特；成分量比关系独特；风格独特。"早日确立"董型"是他的夙愿。

综上所述，董酒无论从制曲到制酒工艺，从窖池材料到蒸馏方法，从香型特征到酒的感官风格，均有与众不同的特点，在全国白酒的香型中独树一帜。我们认为：确立董酒为"董型"的时机已经成熟。

（贵州遵义董酒厂）

附3：本文刊于《酿酒科技》1999年第5期

确立董酒为"董型"白酒的研究报告

贾翘彦

(贵州遵义董酒厂,贵州 遵义 563100)

摘 要: 董酒有三独特,即生产工艺独特,微量成分量比关系独特,风格独特。其香型特征在全国白酒中独树一帜,具有舒适优雅的药香;酯类含量较平衡,表现出复合酯香。酸乙酯与己酸乙酯之比高于其他名白酒数倍,乳酸乙酯约为其他名白酒的 $1/2\sim1/3$;高级醇中正丙醇比其他名白酒高 1 倍至数倍,仲 醇高出 $5\sim10$ 倍;醇酯比 >1,在 $1\colon0.8\sim1.0$,其他名白酒为 $1\colon3$ 以上;酸酯比 >1,在 $1\colon0.6\sim0.8$,其他名白酒为 $1\colon2$ 以上。董酒是同类香型白酒的典型代表,应确立为"董型"。(一平)

关键词: 白酒; 董酒; 香型; 董型

中图分类号: TS262.35;TS261.4　**文献标识码:** A　**文章编号:** $1001-9286(1999)05-0087-05$

董酒是我国老八大名(白)酒之一。自 1963 年第二届全国评酒会首次评为国家名酒之后,至今连续 4 届蝉联国家名酒称号,并在美国、日本、香港等地多次荣获国际金奖,载誉海内外。

董酒以其独特的生产工艺,独特的微量香味组成成分,独特的风格赢得了白酒界专家、行家的赞赏。产品受到广大消费者喜爱。全国 31 省市(未包括台湾省)均建立了董酒销售网点。生产不断发展,现在我厂已具有年产董酒 3 万吨生产能力(包括 7 家分厂)。贵州、四川、江西、山东、湖北、云南、河南、黑龙江等省类似董酒风格的生产厂家,年生产能力在 2 万吨左右。

董酒独特的串香工艺已普遍为国内酒厂采用,对提高中、低档白酒的质量起了很大作用。

1983 年以来,董酒厂与贵州省轻工科研所合作进行了二期董酒香型研究探讨工作,对董酒生产工艺、香味微量成分及量比关系、董酒风格进行了深入研究,取得了比较满意的结果。"董酒香型的探讨"科研项目 1986 年荣获贵州省科学技术进步奖三等奖。我厂还请中国科学院昆明植物研究所及清华大学分析中心对董酒香味微量成分及药香进行了分析研究。中科院植物研究所对董酒香味微量成分的分析报告已在国内杂志上发表[1~4]。

通过 10 余年研究工作,有关确立董酒香型为"董型"的几个方面问题基本弄清楚。现分述如下。

1 董酒独特的生产工艺

董酒独特的生产工艺可概括为 7 个方面:酿造原料及配比;酿酒原料不粉碎;采用大、小曲酿酒;制曲要添加少量中草药;独特的筑窖材料;用煤密封大窖(香醅窖);董酒香醅的制备;蒸馏采用独特的串香工艺[5]。

1.1 酿造原料及配比

酿造原料有水、高粱、小麦、大米、中草药(130 余味)。3 种原料中高粱占 88% 左右,小麦占 11% 左右,大米占 1% 左右。中草药占小麦及大米的 4%~5%。

1.2 酿酒原料不粉碎

酿酒使用整粒高粱,减少了粉尘及粘度的影响,便于生产操作,还可最大限度的降低辅料稻壳的用量。董酒生产稻壳用量仅占高粱的 3%~4%,大大减少了辅料带进酒中的杂味物质。

1.3 采用大、小曲酿酒

国家名酒都是采用大曲酿酒,唯独董酒采用大、小曲酿酒。小曲用大米生产,又称米曲;大曲用小麦生产,又称麦曲。小曲和大曲分开使用。小曲用来制酒醅,发酵期 6~7 天;大曲用来制香醅,发酵期长达 10 个月以上。这样有利于控制产酒产香。

经微生物分离测定,生产使用的小曲以糖化菌和酵母菌为主,有少量的细菌;生产使用的大曲以细菌为主,糖化菌和酵母菌次之。这使小曲和大曲各具产酒、产香的主要功能。

1.4 制曲要添加少量的中草药

制小曲要添加 95 味中草药,用量为大米的 4%~5%;制大曲要添加 40 味中草药,用量为小麦的 4%~5%,所用中草药有相当部分是名贵或比较名贵的。

添加中草药的作用主要有三:一是所有的中草药大多数对制曲制酒微生物的生长有促进作用,相对来讲,对有害的微生物起到了抑制生长的作用,帮助曲子起烧、发汗、养汗、过心、干皮等过程得以顺利进行。二是为董酒提供舒适的药香(该项在后面还要专门论述)。三是使董酒具有一定的保健功能。微量中草药成分的药理作用,对长期适量服用董酒者确有一定保健作用。事实上已有一些人为我们提供了对其风湿病、胃病等的治疗作用。董酒具有一定保健功能的内容与确定"董型"酒关系不大,但我们认为很值得今后继续研究。

中草药对微生物的影响试验结果表明,中草药对酵母菌生产影响较大,曲霉次之,根霉甚小。

对酵母菌生长促进有明显作用的药材有:当归、细辛、青皮、柴胡、熟地、虫草、红花、羌活、花粉、天南星、独活、蒌壳等。其次有生地、益智、桂圆、桂子、草乌、甘草、茱萸、栀子等。对酵母菌生长有明显抑制作用的只有斑蝥、朱砂、穿山甲。

试验中还观察到，董酒生产中的产酒酵母和一般酒精酵母比较，在耐中药性上有明显差异。如我们分离得到的编号 D₄的董酒产酒酵母比一般酒精酵母对中药有较强的适应性。

1.5　独特的筑窖材料

筑建董酒窖池的材料很特殊，采用当地粘性强、密度大的白善泥、石灰和杨桃藤为主要材料，使窖池偏碱性。这样的窖泥材料对董酒香醅形成极为重要。只有这样，董酒中的丁酸乙酯、乙酸乙酯及己酸乙酯的量比关系，丁酸、乙酸与己酸的量比关系，才能形成符合董酒风格的量比关系。

1.6　用煤密封大窖（香醅窖）

用煤封大窖，密封性能好，干定后不会产生裂缝，可长期保持大窖中的香醅不变质。近 2 年研究，在香醅顶面与煤层交界之间，加盖一层塑料薄膜，更好的保护了顶层香醅不霉烂，提高了香醅利用率，降低了生产成本。

1.7　董酒香醅的制备

董酒香醅制备有其特点。一是工艺比较复杂，它是由高粱酒糟、董酒糟、香醅（未经过蒸馏）3 部分糟醅加大曲发酵而成，类似浓香型酒的双轮底又不是双轮底；二是发酵期特别长，长达 10 个月以上。董酒的风格主要蕴藏在香醅中，它是构成董酒风格的关键。

1.8　蒸馏采用独特的串香工艺[5]

1.8.1　串香工艺的改进

串香工艺是独特生产工艺中重要的一环，传统的串香工艺是先生产高粱酒后，再用高粱酒作底锅水串蒸香醅酒得酒。该法习惯上称为"二次法"串香。就董酒生产而言，这种办法既复杂又费事。后来经贵州省科委批准立项研究，成功的将"二次法"串香得酒，改为"一次法"（又称"双醅法"）串香得酒。为此，董酒"一次法"串香（"双醅法"串香）及串香技术的研究项目荣获 1987 年贵州省科学技术进步四等奖。

根据"一次法"串香和"二次法"串香多年生产实际使用情况，"一次法"串香在产量、质量，提高原料出酒率，降低消耗，节约劳力，节约厂房建筑面积，简化中间环节，降低生产成本等方面均有明显成效，取得了较大经济效益。从克服董酒酸味及丁酸味稍重，适当改进董酒口味方面不足，更好适应全国各地需要考虑，"一次法"串香得效果更好。它同样进一步促进了董酒经济效益的增长。"一次法"串香改进是成功的。

1.8.2　董酒串香工艺与香型形成的关系

——董酒的香气主要来自于串香工艺的香醅

董酒生产采用传统的串香工艺，董酒香型的形成与该种独特工艺的关系很大。表 1 反映董酒香型与串蒸用的小曲酒醅的关系。表 2 反映董酒香型与串蒸用大曲香醅的关系。

从表 1、表 2 及品评试验中看出，董酒的药香、酯香

表 1　小曲酒醅串蒸董酒的香气成分含量

(mg/100ml)

组分	董酒	董酒	董酒	小曲酒	小曲酒
乙醛	19.61	16.23	17.79	11.88	10.78
甲醇	24.88	15.43	17.50	12.71	14.66
乙酸乙酯	163.73	142.11	161.76	93.02	91.43
正丙醇	238.55	115.80	126.69	51.43	47.53
仲丁醇	119.83	70.92	67.60	39.38	49.48
乙缩醛	49.10	28.92	28.33	22.25	18.20
异丁醇	47.64	40.38	41.34	50.24	55.19
正丁醇	42.44	21.97	21.99	32.44	29.25
丁酸乙酯	40.51	28.98	31.57	5.66	5.09
异戊醇	99.75	90.60	90.36	88.50	88.76
乙酸异戊酯	7.80	2.57	3.56	1.83	2.71
戊酸乙酯	7.41	3.67	5.71	—	—
乳酸乙酯	42.23	56.99	61.08	107.29	112.13
正己醇	38.22	19.74	17.06	5.26	3.47
己酸乙酯	101.34	82.39	87.32	3.82	3.78
甲酸	1.71	1.39	1.09	0.34	0.44
乙酸	170.61	250.85	240.00	81.89	78.35
丙酸	26.66	27.45	25.51	10.82	10.81
丁酸	65.65	110.03	102.31	74.97	83.76
戊酸	11.00	18.26	16.81	2.70	2.69
己酸	113.24	152.22	156.87	2.94	1.14
庚酸	1.38	1.62	1.61	—	—
乳酸	44.51	48.69	39.35	26.14	27.35

表 2　董酒香型与串蒸用大曲香醅和小曲酒醅的关系

(mg/100ml)

组分	纯高粱小曲酒醅蒸馏得酒	纯香醅蒸馏得酒	香醅串蒸得酒（蒸酒基酒）
乙醛	25.99	9.25	16.76
甲醇	13.59	25.37	17.65
乙酸乙酯	61.88	65.18	82.82
正丙醇	34.07	210.42	117.17
仲丁醇	11.16	251.91	126.87
乙缩醛	—	14.97	19.64
异丁醇	40.76	8.93	42.29
正丁醇	1.72	30.44	18.84
丁酸乙酯	2.16	14.40	10.97
异戊醇	89.16	26.83	88.23
乙酸异戊酯	—	3.83	5.99
戊酸乙酯	—	5.47	—
乳酸乙酯	121.75	14.16	122.71
正己醇	—	14.71	—
己酸乙酯	—	93.44	31.28

中的丁酸酯、乙酸酯，高级醇中的正丙醇、仲丁醇，酸类中的己酸主要来源于大曲香醅。酯类中的乳酸乙酯和高级醇中的异丁醇、异戊醇及酸类中的丁酸主要来源于串蒸用的小曲高粱酒醅。

——串蒸过程中香气成分的动向

在董酒蒸馏过程中，我们接取前、中、后 3 部分馏分，并进行香气成分分析，结果见表 3。

从表 3 看出，乙酸乙酯、丁酸乙酯、己酸乙酯、正丙醇、乙缩醛等香气香味成分集中在前部馏分，异丁醇、异戊醇也是前馏分多，这些香气香味成分都是随着馏分增加，含量呈阶梯式下降。药香也集中在前部馏分。后部馏分是乳酸乙酯多，各种有机酸多，这些香气香味成分

表3	蒸馏过程中香气成分的动向		(mg/100ml)
组分	馏分1(前)	馏分2(中)	馏分3(后)
乙 醛	59.99	17.55	3.79
甲酸乙酯	21.71	2.31	0.29
乙酸乙酯	281.45	62.84	31.36
乙缩醛	161.35	29.67	1.72
仲丁醇	276.27	56.20	115.58
正丙醇	266.25	89.90	36.58
异丁醇	129.38	46.81	9.25
乙酸异戊酯	7.80	3.16	1.05
戊 醇	4.48	—	—
正丁醇	39.97	16.48	5.60
异戊醇	182.83	95.49	27.94
己酸乙酯	130.97	47.39	23.97
正戊醇	3.17	3.45	—
乳酸乙酯	67.64	67.24	165.05
正己醇	—	4.08	5.67
甲 酸	1.37	1.59	2.96
乙 酸	153.17	291.06	406.58
丙 酸	16.92	35.82	54.17
丁 酸	66.69	166.25	251.61
戊 酸	11.58	29.68	44.69
己 酸	125.31	328.88	494.02
乳 酸	16.15	41.39	85.17

都呈阶梯式上升。整个动向比较有规则,掌握蒸馏过程中香气成分的动向,对我们不断改进工艺、提高产品质量是非常重要的。

2 董酒主要微量成分的特性

董酒微量成分的特性主要表现在董酒的药香、酯香、高级醇类、醇酯比和酸5个方面,分别论述如下。

2.1 药香

在董酒中含量极微,估计为ppb级,目前分析仪还不能有效地对其进行分离和测定,即直接从董酒中测定出药香成分,目前还有困难,只能采用富集[3]方式测出少数几种,主要借助于人的感觉来进行探讨,因此,这种探讨是粗略的。通过对中药材闻香和对提香液闻香,对中药材作了如下分类。

2.1.1 浓郁的药香

肉桂、官桂、八角、桂皮、小茴、花椒、藿香7种。

2.1.2 清沁的药香

羌活、良姜、前胡、淮通、合香、半夏、荆芥、大腹皮、茵陈、前仁、香薷、山楂、干姜、干松、木则、藁本、知母、麻黄、大黄共19种,最后2种清雅带麻。

2.1.3 舒适的药香

独活、玄参、白术、黄柏、白芷、枳实、甘叶、厚朴、茯苓、白芥子、柴胡、泽泻、天冬、木瓜、黑胡子、苍术、升麻、姜壳、枝子、香付、牛夕、雷丸、远志、羌活、黄精、花红、生地、朱苓、杜仲、五加皮、山柰、丹皮、吴英计33种,后4种香味更为舒适。

2.1.4 淡雅的药香

泡参、马鞭草、防风、防杞、桔梗、瞿麦、红花、白付子、猪牙皂、白芍、枸杞、花粉、僵蚕、冲片共14种。

按每种中药材呈香情况,逐个与董酒香气进行对照,选取了26种认为比较重要的中药材,它们是:

肉桂、八角、小茴、花椒、藿香、荆芥、升麻、麻黄、藁本、知母、山柰、甘草、独活、桔皮、五加皮、天冬、香薷、黑故纸、厚朴、木瓜、木则、丹皮、香付、当归、良姜、白芍。

为了摸清药香在董酒中的重要性,我们模拟了一个与董酒各类成分含量很接近的酒,一个添加中药材提取液,一个不添加,结果添加微量中药材提取液的酒,董酒香型顿时变得明显起来,而没有添加提取液的酒,则与董酒风格相差甚远。模拟试验说明,药香在董酒香型中起着不可替代的重要作用。

2.2 董酒的酯香

董酒的酯香主要也是由乙酸乙酯、丁酸乙酯、己酸乙酯、乳酸乙酯四大酯类组成,但它们在量比关系上,突出的不同点表现在以下3个方面。

2.2.1 董酒的酯类含量中,各种酯类不似浓香或清香型酒有主体酯香。四大酯类在3种香型白酒的含量和比例见表4。

表4	四大酯类在3种香型酒中的含量和比例					
						(mg/100ml)
成分	泸州特曲		汾酒		董酒	
	含量	比例(%)	含量	比例(%)	含量	比例(%)
乙酸乙酯	162.65	29.0	243.80	55.1	161.76	46.0
丁酸乙酯	28.92	5.2	1.55	0.3	31.57	9.0
乳酸乙酯	149.40	26.7	195.40	44.1	61.08	17.4
己酸乙酯	219.08	39.1	0	0	87.32	24.9

显然,汾酒是以乙酸乙酯为其主体香气成分,泸州特曲是以己酸乙酯为其主体香气成分,而董酒酯类含量是平衡,它不突出某一酯类而以复合酯香表现。

2.2.2 董酒的丁酸乙酯含量高,丁酸乙酯与己酸乙酯的比例也高,一般在0.3~0.5:1之间,高于其他名白酒3~4倍(表5)。

表5	几种名白酒丁酸乙酯含量和丁酯与己酯的比				
					(mg/100ml)
成分	董酒	泸州特曲	五粮液	洋河大曲	古井贡酒
丁酸乙酯	31.57	28.92	19.86	15.28	13.95
己酸乙酯	87.32	219.08	196.35	190.23	163.82
丁酯与己酯比	0.36:1	0.13:1	0.1:1	0.08:1	0.08:1

丁酸乙酯香气虽也很浓郁,但与己酸乙酯比起来,明显要显清雅爽口。董酒酯香幽雅,入口又较浓郁,这与丁酸乙酯含量高,丁、己酯比例高有很大关系。

2.2.3 董酒的乳酸乙酯含量低(表4),董酒的乳酸乙酯含量约为其他名白酒的1/2~1/3。

乳酸乙酯一般来说赋予白酒好的风味,在一定程度上乳酸乙酯代表了固体白酒的风格。然而就董酒而言,乳酸乙酯含量较低,有利于突出董酒甘爽的风格。

2.3 董酒的高级醇

董酒在高级醇含量方面的特点表现为正丙醇、仲丁醇含量高。正丙醇高出其他类型名白酒1倍到数倍,仲丁醇高出其他类型名白酒5~10倍(参见表6)。这是董酒在香型上明显的一个特征。

表6		几种名白酒的高级醇含量			（mg/100ml）	
醇类	董酒	泸州特曲	五粮液	古井贡酒	洋河大曲	汾酒
正丙醇	126.69	52.71	30.80	25.80	24.54	22.68
仲丁醇	67.60	6.59	10.79	8.37	10.52	1.34
异丁醇	41.34	12.28	14.55	14.29	11.46	23.17
正丁醇	31.57	9.12	8.94	11.74	11.37	0.83
异戊醇	90.36	41.09	42.85	28.9	22.14	46.88
正己醇	17.06	0.53	8.67	13.36	8.67	—

董酒正丙醇加仲丁醇的含量大大超过异丁醇加异戊醇的含量。正丙醇、仲丁醇都有比较好的呈香感，香气清雅，它与酯香复合，突出了董酒香气幽雅的风格。

2.4　董酒的醇酯比

和其他名白酒不一样，董酒的醇酯比>1，即醇大于酯，这是董酒在香型上的又一特征（见表7）。

表7		几种名白酒的醇酯含量及比例			（mg/100ml）	
成分	董酒	泸州特曲	五粮液	古井贡酒	洋河大曲	汾酒
甲醇	17.50	31.93	18.42	21.61	20.21	16.61
乙酸乙酯	161.76	162.65	144.93	114.78	100.08	243.80
正丙醇	126.69	28.51	30.12	25.80	24.54	22.68
仲丁醇	67.60	14.26	10.79	8.37	10.52	1.34
异丁醇	41.34	13.75	14.55	14.29	11.46	23.17
正丁醇	29.99	11.21	8.94	11.74	11.37	0.83
丁酸乙酯	31.57	28.92	19.86	18.90	22.14	1.55
异戊醇	90.36	30.03	42.85	28.90	22.14	46.88
乙酸异戊酯	3.56	1.85	0.22	2.61	1.81	1.84
戊酸乙酯	5.71	5.84	5.80	4.66	5.80	
乳酸乙酯	61.80	149.40	110.13	100.14	190.23	195.40
正己醇	17.06	14.17	8.67	13.36	8.61	—
己酸乙酯	87.32	219.08	196.35	163.82	183.13	—
总酯	351.00	560.05	477.07	464.96	496.33	442.59
总醇	382.54	143.86	134.34	124.07	108.91	111.51
醇酯比	1′0.91	1′3.9	1′3.6	1′3.8	1′4.6	1′4.0

董酒醇酯比一般在1∶0.8～1.0范围内，而其他名白酒的醇酯比则在1∶3以上。醇酯比大于1或小于1，确实反映了白酒在不同酿造工艺条件下酒的特点。醇酯比小于1（酯大于醇），说明酯在该酒的香型中占有较为突出的地位；醇酯比大于1（醇大于酯），说明高级醇类在该酒中其呈香呈味也占较为重要的地位。

2.5　董酒的酸类含量

酸类在白酒中含量较大，主要起呈味作用。还能与白酒中的醇、酯类起协调、平衡和缓冲的作用。董酒中的酸主要由四大酸类组成，但与其他名白酒比较，最突出的是董酒酸含量大于酯和丁酸含量高。其他名白酒都是酯大于酸，而董酒则是酸大于酯（见表8）。

董酒酸酯比一般在1∶0.6～0.8，而对照名白酒酸酯比都在1∶2以上。

董酒酸含量大于酯，是董酒在香气组成上又一特征，是在董酒特殊工艺条件下形成的，对董酒后味的爽口起着重要的作用。

董酒中丁酸含量很高（表8），高出其他名白酒数倍乃至10倍，是董酒香气组成上一个重要的特征。

丁酸浓时带臭，淡时带轻度愉快的香气，使人有清

表8		几种名白酒的酸酯含量及比例			（mg/100ml）	
成分	董酒	泸州特曲	五粮液	古井贡酒	洋河大曲	汾酒
乙酸乙酯	161.76	162.65	144.93	114.78	100.08	243.80
丁酸乙酯	31.57	28.92	19.86	13.95	15.28	1.55
乙酸异戊酯	3.56	1.85	0.22	2.61	1.81	1.84
戊酸乙酯	5.71	5.84	5.80	4.66	5.80	—
乳酸乙酯	61.08	149.40	110.13	160.14	190.23	195.40
己酸乙酯	87.32	219.08	196.35	163.82	183.13	—
甲酸	1.09	2.58	2.12	2.62	1.06	0.33
乙酸	240.00	59.62	52.72	64.15	48.56	103.41
丙酸	25.51	1.66	1.76	1.88	1.53	0.79
丁酸	102.31	17.87	12.00	15.43	12.72	0.87
戊酸	16.81	4.73	2.72	2.82	2.27	0.87
己酸	156.87	65.03	30.78	61.81	35.91	0.48
乳酸	39.35	60.07	31.69	58.00	48.26	81.59
总酯	351.00	560.05	477.07	464.96	496.33	442.59
总酸	611.51	211.56	133.28	206.73	150.70	188.00
酸酯比	1′0.58	1′2.6	1′3.6	2′2.7	1′3.3	1′2.4

沁的感觉。它与酯类复合后的香气，这种作用就更为明显。例如在己酸乙酯的乙醇溶液中添加不同含量丁酸的试验表明（表9），配制的己酯浓度为100mg/100ml（大致相当于董酒中己酸乙酯的含量）时，添加的丁酸量低于50mg/100ml时，闻香和味感都比对照样好。

表9		己酸乙酯的乙醇溶液中添加丁酸的试验
60%乙醇溶液中己酸乙酯的含量（mg/100ml）	60%乙醇溶液中添加丁酸的量（mg/100ml）	感官评语
100	0	对照样，己酸乙酯香单调，闷人
100	0.5	己酸乙酯香单调，闷人
100	5	己酸乙酯香单调
100	10	己酸乙酯香单调
100	20	己酸乙酯香，稍感协调
100	50	己酸乙酯香，稍感协调
100	100	己酸乙酯香，丁酸臭露头
100	200	己酸乙酯香，丁酸臭明显

为进一步说明丁酸在董酒中的地位和作用，在模拟董酒（添加微量中药材复合提取液，不加丁酸，其他微量成分接近董酒）中配入不同量的丁酸，结果如表10。

表10	模拟董酒试验
模拟酒中配入丁酸量（mg/100ml）	酒的香型品评情况
0	酯香明显，药香较单调，酯香和药香是分离的，董酒风格不明显
50	酯香和药香的舒适感都有增加，有一点董酒风格
100	有较舒适的香气，药香似乎有减弱，带有较明显的董酒风格
150	有较舒适的香气，带有较明显的董酒风格，丁酸臭有点露头

从表10结果看出，模拟酒中加入适量丁酸，其风格逐渐向董酒风格靠拢，这一实例反映出丁酸在董酒香型中的地位和作用。此外，丁酸与酒中药香成分复合，使

药香变得更为幽雅舒适;丁酸与酒中醇、酯等复合,使酯香变得较为协调舒适。因此丁酸在董酒中的作用是极为明显和重要的。

2.6　董酒香型上的独特性

2.6.1　药香、酯香、丁酸等香气香味成分的复合,构成了董酒香气幽雅而舒适的风格,这是董酒香型上的最主要特征之一。

2.6.2　和其他名白酒比较,董酒在香气香味组分含量的量比关系上,可以概括成"三高一低"。一高是丁酸乙酯含量高,丁、己酯比是其他名白酒的3~4倍;二高是高级醇含量高,主要指正丙醇、仲丁醇含量高;三高是总酸含量高,是其他名白酒酸含量的2~3倍,其中又以丁酸含量为其主要特征;一低是乳酸乙酯含量低。这些都是董酒香型的重要特征。

3　董酒的独特风格

董酒在感官方面的独特风格可归纳成:酒液清澈透明;香气幽雅舒适;入口醇和浓郁;饮后甘爽味长。

3.1　董酒的透明性极好

白酒的透明程度与酒中所含浑浊物质的量有关。酒中浑浊物质是一些特定的高级脂肪酸酯类,能溶解于高度酒中。酒中浑浊物质越少,酒的透明度越好。

各种香型的白酒都含浑浊物质,但在含量上不全相同,表现在各种香型的白酒加水稀释,当稀释的酒液刚刚开始出现浑浊(以肉眼能分辨出来为准)时,它们各自的酒度不一样(表11)。

表11　各种香型酒加水稀释刚出现浑浊时的酒度　(度)

各香型酒代表	董酒	汾酒	茅台酒	泸州特曲	三花酒
香　型	其他香型	清香型	酱香型	浓香型	米香型
开始出现浑浊时的酒度	45.2	47.0	47.2	48.7	49.7

从表11看出,董酒含浑浊物质最少,所以董酒色泽最晶莹透亮,其次为汾酒和茅台酒,浓香型酒和米香型酒浑浊物质含量较高,评酒时酒度稍低的浓香型敞开时间稍长一些就常常出现浑浊,可能就是这个原因。

3.2　董酒香气幽雅舒适

董酒在香气上确有许多与众不同的特点,形成了自己特有的风格。

3.2.1　董酒的香气高雅、自然,清而不淡,香而不艳,为许多消费者所喜欢、青睐。当人们举杯欲饮时,首先感到一股幽雅的芳香扑面而来,使人赏心悦目。

3.2.2　熟悉爱饮董酒的消费者,都知道董酒有一种特殊舒适的香气,这种香气是由董酒特有的药香、酯香、酸类等多种香气香味成分的复合产生。

3.2.3　董酒幽雅舒适的香气,在人的嗅觉器官中保留时间较长。饮者一面酌饮,一面回味,余香绵绵。

3.3　董酒入口醇和浓郁

是指董酒入口又顺,既醇又香,醇和而不显平淡,浓郁而不显暴辣。这是由于董酒独特的串香工艺决定的,它集大曲酒浓郁的芳香和小曲酒醇和绵甜为一体。

3.4　董酒饮后甘爽味长

董酒酒味甘洌、甘润,爽而不腻,爽而不涩,饮后回甜味长,余香绵绵。董酒的甘爽味长是由于它独特的醇高、酸高含量形成的。特别是饮用董酒后,不干、不燥、不烧心,夏天饮用,尤感适宜。由于曲子中加了130余味中草药的微妙作用,对人体健康颇有益处。

以上仅是董酒风格上最主要的独特部分。著名白酒专家周恒刚高工到厂指导工作时说过:"董酒有许多独特的地方,只要去研究,特点就可以总结出来。"白酒专家沈怡方高工来贵州做学术讲座时说过:"董酒的最大特点是香气幽雅舒适,药香恰到好处,贵州的同志已经在这方面做了大量的研究工作。"已故白酒专家曹述舜高工一再提出:"董酒有三独特,工艺独特,成分量比关系独特,风格独特。"确立董酒为"董型"是他的夙愿。

综上所述,董酒无论从制曲到制酒工艺,从窖池材料到蒸馏方法,从香型特征到酒的感官风格,均有与众不同的特点,而在全国白酒的香型中独树一帜。我们认为,确立董酒为"董型"的时机已经成熟。

参考文献:

[1]　陈培格,王彦,邢志,贾翘彦.董酒中各种有机酸的定性定量分析[J].酿酒,1997(6):53~55.

[2]　陈培格,刘颖,刘学泉,贾翘彦.董酒中萜烯类化合物的分离与鉴定[J].酿酒,1997(6):56~58.

[3]　陈培格,梁瑜,刘颖,贾翘彦.董酒中痕量茴香醚及肉桂醛成分的富集与检测[J].酿酒,1998(1):53~56.

[4]　陈培格,梁瑜,张瑾,贾翘彦.发酵过程对董酒酒曲中小茴肉桂等中药成分的影响[J].酿酒,1998(1):57~58.

[5]　贾翘彦.董酒串香工艺的探讨[J].贵州酿酒,1981(4):11~14.

第五章　董酒厂

第一节　董酒前身——遵义酒精厂

新中国成立后，董酒于1957年在遵义酒精厂试制和恢复生产。遵义酒精厂始建于抗战期间，为抗战胜利做出了巨大贡献，是抗战的功勋企业。

"七七事变"抗日战争全面爆发后，沿海地区陆续沦陷。国民政府迁都重庆，西南、西北成为抗战的大后方。战争爆发后，国民政府对汽油的需求急剧增长，当时甚至有着"一滴汽油一滴血"之说。但日军切断了中国和外界的主要交通要道，动力燃料日益紧迫。国民政府开始积极寻求解决办法，酒精（乙醇）成为首选替代品。战前中国酒精工业发展水平落后，全国仅有9家规模较大的酒精厂，大都集中在东南沿海。随着这些地区的沦陷，这9家酒精厂相继停工。1938年3月，国民党临时全国代表大会通过《非常时期经济方案》，提出要"妥筹燃料及动力供给"，计划在1939年至1941年期间，在后方各省设立四川第一酒精厂（内江）、四川第二酒精厂（资中）、四川第三酒精厂（简阳）、云南酒精厂（昆明）、贵州酒精厂（遵义）、甘肃酒精厂（兰州）等。

现存于四川省内江档案馆的《遵义酒精厂档案》记载：1940年5月，国民政府资源委员会任命邝森扬为遵义酒精厂厂长，并令其筹备建厂事宜。同年8月，其选定遵义县城北运亨桥（音）处为厂址，开始修建厂房、安装设备。1941年4月竣工投产。厂长下设工程师室和总务、业务、公务、会计四个科。最初员工300余人，月产酒精40 000加仑。到1943年，月产酒精最高达63 000加仑（按英制换算：1加仑酒精相当于4.5升或4千克）。

抗战期间，内迁遵义企业中贡献最大的是41兵工厂和遵义酒精厂。41兵工厂生产步枪和轻机枪，抗战胜利后裁并。当时的遵义酒精厂直属国民政府资源委员会经济部，前三任厂长都是英、德、美化工专业的留学博士，厂内职员学历均高，生产设备由德国进口。抗战胜利后，国民政府于1947年将遵义酒精厂移交给国防部联合勤务总司令部，自此到1949年11月，这期间遵义酒精厂的几任厂长、副厂长都是在职将军。

全国解放后，遵义酒精厂收归国有。1949年到1952年是国民经济恢复期，厂名为遵义专区国营遵义酒精厂。1953年中国第一个五年计划开始，酒精不再为战略物资，更多地用于民用。遵义酒精厂也开始利用酒精生产普通白酒和五加皮酒等露酒，商标为湘江牌，年产酒1 190吨。其产品已无实物。

1955年酒厂下放遵义市轻工局辖，更名为地方国营遵义造酒厂，生产玫瑰酒等露酒，商标为湘江牌。该产品也无实物留存，仅存酒标。

1961年前后，改名贵州省遵义酒精厂，生产董酒、遵义窖酒产品，商标为金鼎牌。

1963年，董酒被评为中国名酒后，收归省轻工业厅管理。同时生产酒精类产品和饮用酒产品。酒精类产品用贵州省遵义酒精厂名，饮用酒产品标注贵州省遵义酿酒厂。饮用酒产品主要有董酒、遵义窖酒等，商标为红城牌。

1966年，又划回遵义市管理。1976年董酒车间从酒精厂分离出去，独立建厂。1988年后，全国各地纷纷都建起了酒精厂，在激烈的竞争中，遵义酒精厂因运输成本、技术、管理等诸多原因，产业效益开始走下坡路，直至停产。

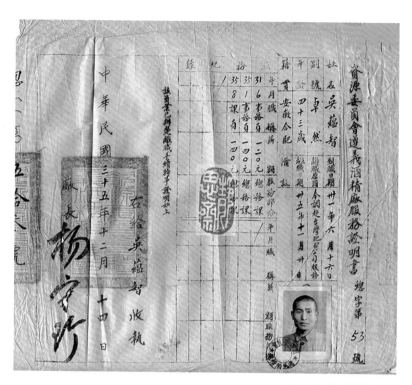

▲1946年遵义酒精厂
服务证明书

◀1950年代遵义
酒精厂厂徽

▲地方国营遵义酒精厂湘江牌五加皮酒标

▲地方国营遵义造酒厂湘江牌玫瑰酒标

▲遵义酒精厂董公寺牌遵义窖酒标

▲遵义酿酒厂红城牌遵义窖酒标

第二节　恢复生产——董酒车间

1951年，收归国营的遵义酒精厂开始同时生产普通白酒。1957年，市政府委托遵义酒精厂恢复地方名产。陈锡初等人把程明坤先生请出山，翌年重新试制的董酒样品呈送国务院（详见前述有关内容部分）。周总理办公室批示："董酒色香味均佳，建议当地政府恢复和发展。"自1957年到1976年，董酒都是在遵义酒精厂的董酒车间生产。

董酒从1957年试制成功后，陈锡初带领职工边生产边建设。其中1957年至1976年间，均属于遵义酒精厂，为其单独一个车间——董酒车间。

1957年，遵义市人民政府决定恢复董酒生产，市财政局首次拨款2 000元作试制费用，次年元月试制成功。

1958年3月，市财政局再拨款2万元，希望建成年产80吨的董酒车间。这两万元，其中一部分用于偿还前期欠款，主要是试制时借用林场的房屋折款。剩余的精打细算，尽可能自力更生。修灶、挖窖等土建部分，前期几乎全部由厂部组织行政管理人员和家属进行义务劳动进行。后因进度缓慢，影响其他工序，才将余下部分如开挖大窖、砌排水沟等，交给遵义市中南建筑队施工。正式生产后，仍然借用林场苗站正房4间、左偏房4间、右偏房4间，用于住宿、办公、存料、制曲、存酒等。就近购买木材、竹子、稻草等，搭了几十平方米的简易工房，用来烤酒。制曲、存酒和晾堂（用来堆放酒醅）对场地要求略高，借用的房间不够，还另外建了4间土墙草房。酒甑和酒甑盖等，找水口寺黔丰大队订做。其中做酒甑盖的斑竹，是职工王明锐等人到沙湾去买，再肩扛到李家坎，做好后用马车拉回厂里。在程明坤先生的指导下，职工自己动手制作了一部分糖化木箱，不足部分在当地小酒坊购买。发酵木桶、酒坛主要是买旧的，也有部分是程家捐献的。生产用水全部由工人到河里肩挑手提。晚上则以油壶照明，值夜班的工人没有单独的地方休息，都是在晾席上凑合着打一会儿瞌睡。

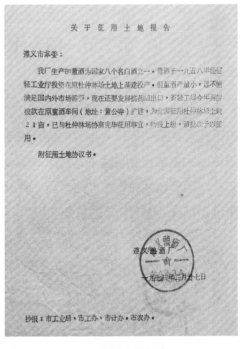

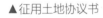

▲征用土地协议书　　　　　　▲征用土地报告

1963年9月，董酒评为中国名酒，荣获金质奖。同年10月，省轻工厅专门拨款7万元，用于偿还房款等。1963年，产酒89.13吨。超过了市政府1958年3月提出年产30吨董酒的要求。从试制、恢复到初具80吨规模共耗资9.2万元，历时5年。其中1960年和1961年为"自然灾害困难时期"，几乎停止生产。

1964年，市政府拨款13万元，对董酒车间进行改造。主要是改造烤酒房、包装室。还修建了办公室、职工宿舍和职工食堂，建筑大多是木结构和简易房。至年底，董酒年产80吨规模形成，共投资22.2万元，吨酒平均投资0.28万元。

"文革"期间，董酒生产同样受到冲击，生产极不正常。

1974年6月，遵义地区行署下发地计委〔73号〕计基字第051号文件，向遵义酒精厂下达了年产董酒120吨的扩建任务，要求1974年6月底将扩建设

▲建厂初期

计编制完毕并上报。扩建方案经审核批准，总投资计划为45万，逐年下拨完成。同年9月，董酒扩建120吨基建工程破土动工，至年底完成投资12万元，占计划投资总额26.7%。

1975年，拨款30万元，市财政局增加拨款8万元。市财政局的拨款原计划修建曲室，但因扩建项目中有曲室而改建办公室。

1976年，拨款25.26万元，市财政局增拨4.2万元，其中食堂0.8万元，配制酒生产房1.4万元，改造危险老房2万元。

经历年投入建设和董酒车间职工艰苦创业，董酒车间已初具规模。但同时，由于董香型白酒的生产特点和当时的领导管理机制，董酒想要再扩大生产，步子已经明显迈不快了。首先是董香型白酒生产周期长，占用资金大，投资收回慢。其次是每一个生产周期预留下来用于下一个生产周期的香醅有限，不能随意盲目扩产。其他制约因素主要是董酒车间隶属于遵义酒精厂，自主经营受到一定制约。同时酒精厂经营也开始走下坡路，对董酒车间的支持力不从心。

第三节 发展建设——单独建厂

1976年4月17日，遵义市革命委员会下发（1976）25号文件，决定在原遵义酒精厂的基础上，新建董酒厂。陈锡初任厂长，和其他52名同志一起，开启董酒新的征程。

董酒厂建厂职工53人名单如下（排名不分先后）：陈锡初、梅秀明、刘伯禄、王明锐、熊国华、邹曼冰、党国书、王坤蓉、刘旋龙、罗楚开、王秋华、贾翘彦、廖代富、陈素英、吴久荣、丰洪仙、高伟、夏云臣、文纯祥、高崇恩、毛廷甫、刘兴奎、李绍斌、夏雨林、米树清、杨青年、黄兆伦、尹绍清、陆久彬、李开甲、王连龙、周纪德、吴国志、齐楚娟、胡文章、杨之光、王国伟、王庆元、张启伦、李帮明、陈月炳、晏懋炎、苟天银、魏竹正、李长明、刘国志、吴官斌、陈明光、陈友善、程正奎、陈炳林、宋蕴轩、黄泽钧。厂内设基建组，由王明锐负责，技术由熊国华负责。

1977年，市财政局拨款4万元，用于120吨扩建工程的收尾。同年8月，120吨工程全部竣工投产，历时三年共耗资83.46万元，超支38.46万元，超计划85.5%，平均吨酒投资0.695 5万元。大部分建筑均为砼与砖木混合结构式（即现在的老厂区部分）。120吨扩建工程完成后，董酒厂具备了年产200吨的能力，同时也打下了开发新产品的基础。

1978年，共生产董酒200.29吨，进步比较明显。

董酒厂刚建立时，底子很薄，固定资产除原有房屋和极简陋的设备外，就是还在进行的扩建工程，其中还有1/3尚在建设中。1977年在市财政局的大力支持下，将120吨扩建工程全部收尾，同年8月即投产。厂领导班子着眼长远发展，在这120吨扩建工程完成后，即开始考虑再扩建300吨，达年产500吨董酒的生产能力。经争取，市财政局同意董酒厂的设想。于当年先拨15万元修建窖池，另拨8万元建库房。同时拨0.8万元建单身职工宿舍，拨2.3万元搬迁木房，木房的原址修烤酒车间。

▲早期酿酒车间

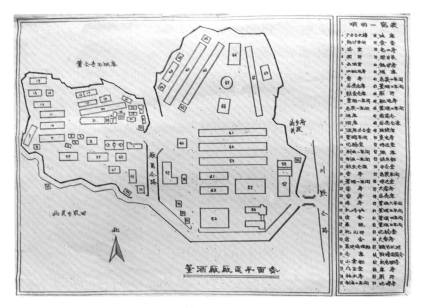

▲董酒厂平面图

　　1978年，市财政局又拨款7万元修建窖池，另拨给根酶曲专项购置费1.2万元，修建化验室1万元，合计拨给9.2万。当年，300吨扩建工程中的一期工程，其窖房、窖池全部竣工并投入使用。另外新建的化验室也顺利完工。300吨扩建工程原计划由地、市两级财政部门年度拨款15万元修建烤酒车间等。但因财政困难，地区财政只拨款5万元，烤酒车间未能建成。董酒厂改使用此款购置两台3吨行车，减轻了一线工人的劳动强度，提高了工作效率。

　　要实现300吨董酒的生产能力，除厂房外，还有许多配套工程，资金缺口大。全部靠遵义地方财政解决，困难不少。1978年8月，向省申报扩建计划，争取支持。经努力，省计委以〔78〕工字459号文件，批准了扩建年产量300吨的任务书。董酒厂立即编制扩建计划，预算总投资142万元（其中含地、市财政拨款20万元，自筹2万元）。但当时由于国家控制基建投资，未能及时安排资金。为早日投产，经与地区轻工局基建科商量，决定化整为零，改用技改名义上马。打算每年上100吨，每100吨工程需资金40万元。采取边扩建边投产，逐步完善，争取用3年时间逐步建成年产300吨的扩建工程。

　　1979年，董酒厂向省另报方案，申请专项小型技改贷款40万元，并委托市设计室进行工程设计。同年8月，省批准了董酒厂技改贷款方案，拨款10万元。9月，烤酒车间和酒库就破土动工。

　　1980年，省又按1979年方案拨款30万元。同时，董酒厂又申请中短期贷款40万元，并得到批准。这样，1979年、1980年两年合计贷款80万元。至1980年底，共到账59万元，占贷款80万元总额的73.75%。1980年，产董酒254.597吨，其中增产54.597吨。

　　1981年，申请中短期贷款70万元，具体是当年40万元、上一年度的差额15万元和原200吨董酒扩建项目中4吨锅炉报废更新15万元。同年底，因设备更新、材料调价等，导致资金周转困难，再追加贷款6万元。后因更新4吨锅炉超支等，再追加贷款13万元。这样一来，300吨董酒扩建项目地市财政投资20万元（不含专项投资），总贷款154万元。仅以贷款部分计算超预算（120万元）计划23.3%。300吨董酒扩建工程化整为零，以技改名义上马，分期申报中短期贷款，边扩建边投产，为发展赢得了时间，经济效益显著。1981年，因锅炉报废停产两个多月，仍生产董酒225.49吨，其中增产25.49吨。

1982年产董酒421.376吨，其中增产221.876吨。

1983年产董酒520.06吨，其中增产320.06吨。

1984年产董酒537.221吨，其中增产337.221吨。

300吨扩建工程，从1979年9月开始建设，1983年全部完工，1984年还清全部贷款。总计增产董酒959.244吨。当时每吨董酒税金3 750元，利润350元，总计为国家增收税利393.29万元，扣除投资180.5万元（包括地、市财政的无偿投资26.5万元）和支付利息30万元，为国家净增税利182.79万元。这其中还不含窖粱酒等系列酒带来的税利。

300吨扩建工程竣工后，平均吨酒投资为0.701 6万元。从1957年到1984年，政府财政对董酒厂共投资和贷款286.16万元，另加利息30万元，共为316.16万元。

1957年到1976年，共生产董酒1 140.58吨。吨酒亏损226.5元，即1957年至1976年总亏损为25.8万元。1977年至1984年，产董酒2 554吨。每吨酒为国家上缴税利4 100元，共创税利1 047万元，为总投资额3.3倍，即赚回3.3个年产董酒500吨的董酒厂。

从1957年开始建厂到1984年，扣除亏损和总投资，共创税利747.24万元，为总投资的2.36倍，即赚回2.36个年产500吨董酒的董酒厂。

1963年、1979年，董酒连续在两届全国评酒会中被评为中国名酒后，以独特的魅力征服了广大消费者，长期供不应求。为了缓解这一局面，经过慎重考虑和充分调研，董酒厂制定了中长期发展总体规划：在当时年产500吨的基础上，再增加500吨的产能，拟于1985年竣工投产，形成年产酒1 000吨规模。此后再扩建2 000吨，力争在1990年形成3 000吨的年产量。

1981年初，根据中长期发展总体规划，扩建500吨的筹备工作开始启动，董酒厂利用时机分别向市政府、省轻工业厅和省计委汇报了扩建设想。

1981年10月13日，遵义市人民政府下发了《关于将杜仲林场董公寺林站区域的土地全部划董酒厂扩建使用的通知》（遵市〔81〕74号文）。

1982年9月16日，再次下发了《关于董酒厂扩建用地问题的决定》（遵市〔82〕86号文）。两个文件解决了扩建所需的土地问题。

1982年，董酒厂委托贵阳铝镁设计院编制了扩建初期设计计划上报。报告得到了各级主管部门重视。遵义地区以遵义轻（1982）67号文及遵署轻（1982）122号文上报。省经委以计字071号、省轻工厅以〔83〕黔轻基字第15号文件批复，同意董酒厂新扩建500吨项目。项目总投资561万元，资金来源以贷款方式解决。1982年4月12日，遵义地区计委批复董酒厂扩产用粮申请："粮食由地区统一安排"。1982年10月8日，董酒厂与邻近的地区面粉厂、茅台易地试验厂（现珍酒厂）、102地质队、电池厂等就董酒厂扩产用电事宜，形成《关于同意董酒厂在（茅草铺至电池厂）专线接线搭火的协议书》。1982年11月，省地质局102地质队出具董酒厂扩建场地的《工程地质初察报告》。

1982年11月底，贵阳市铝镁设计院编制的《遵义董酒厂500吨/年董酒扩建初设计计划书》报省轻工厅。设计总投资为679.5万元，建设周期两年。省轻工厅即报轻工部，轻工部批示：同意500吨董酒扩建工程，投资额控制在561万元以内。比原设计方案减少118.5万元。根据这一指示，董酒厂积极与铝镁设计院商议，在保证生产配套、技术可靠、产品质量稳定的前提下，适当削减和压缩厂房的建筑标准、附属包装车间和生活福利设施部分项目等，将投资额调整为562.85万元，再次上报。

1983年1月31日，省轻工厅下发了《遵义酒厂扩建董酒五百吨初设计划的批复》（〔83〕黔轻基字第25号）。同月，遵义地区轻工局明确原董酒厂东南方向的川黔公路干线和枧槽河之间为扩建地址，占地面积5.3万平方米。1983年，遵义市政府决定由遵义市建筑公司承担500吨董酒扩建工程。同年5月，施工队伍进场开始三通（水、电、路）一平（平整），6月底动工。1983年8月，厂委托102地质大队水文分队在北关乡和平村打深井两口，出水量为800吨，保证了生产用水。副厂长梅秀明具体负责扩建工程。抽调人员组建了工程科，下设施工、技术、设备、物资采购供应、计划统计财务等各组，保证了工程顺利进行。其中李荣禄任财务组组长、党雄飞任设备组组长、施兴准任勤务组组长、刘旋龙任施工组副组长、何克勤任物资供应组副组长。

1983年4月13日拨款200万元，年底完成实际投资157.1万元。

1984年，由于物价上涨等因素，原计划投资额不够。1984年1月10日、3月17日、10月12日，经申请，三次共追加贷款511万元，总投资变为711万元。同时生产能力也增加了100吨，从500吨提高到600吨。当年底，实际用款581.1万元，完成工程投资434.9万元。此项扩建主体工程为两个酿酒车间，投资126.819 5万元。

1985年7月，设备安装完毕。9月部分车间投产，新增产能200吨。至1985年12月31日止，厂区占地面积为14.48万平方米，建筑房屋面积为3.55万平方米。

1986年全部工程竣工投产，年产量突破千吨。整个项目共投资711万元，附属工程3万，利息230万元，共计944万元，吨酒基建投资1.89万元。1986年当年还款80万元，计划到1988年全部还清。

▲早期厂房

第四节　联合兼并——董酒联合体

董酒厂的发展，一直得到了各级政府的支持。特别是董酒厂所在的北关乡（1993年改为董公寺镇），在用地、供水等方面的支持，都不遗余力。同时，程明坤老先生的子女也主要在北关乡的和平村居住。他们从小受其父亲影响，对酿造董香型白酒的药方、工艺等烂熟于心。20世纪80年代左右，政策慢慢松动，遵义市民政局、北关乡企业管理站、和平村委等牵头，动员程家第二代出山，建立了数家生产董香型白酒的乡镇企业。从1986年起，董酒厂从技术、管理上给予黔北窖酒厂、董公寺窖酒厂和黔北窖酒二厂鼎力支持，之后又联营了这三个厂。其后又与遵义酒精厂合并，同时兼并了遵义啤酒厂。1992年又建立一个年产6 000吨规模的基础酒供应基地——董公酒厂，形成了一个主厂，三个分厂，两个直属厂和一个卫星厂的经济联合体，使北关乡成为遵义市的董酒城。

▲董酒厂

1984年，董酒在第四届全国评酒会蝉联金奖后，引起了一阵董香型白酒热。特别是政策开始有所松动时，北关乡政府等，充分利用董公寺出好酒的自然地理条件，充分发掘利用程明坤先生后人熟知董香型白酒酿造技艺的优势，先后建起了黔北窖酒厂、董公寺窖酒厂和黔北窖酒二厂。

1986年，北关乡向董酒厂求援，希望得到董酒技术支持。2月21日董酒厂派出李光印担任黔北窖酒厂副厂长，吴国志担任董公寺窖酒厂副厂长，程正奎任北关乡酿酒技术顾问。三人到任后，任劳任怨，积极工作，为黔北窖酒评上省银奖作出了贡献。

1988年初，北关乡提出要与董酒厂联营，遵义市领导及有关部门也乐见其成，热心促成。同年6月8日，在遵义湘山宾馆召开了联营协议草签代表会议。出席会议的有遵义市政府副市长冯振海；董酒厂厂长陈锡初和党雄飞、刘平忠、晏叔义、吴久荣；北关乡政府乡长杨志伦和周厚刚、梁灶炊、李存候、程大宽、吴成坤；市轻工局副局长柏幼新及柴天麟；市政府经济研究室副主任王明根；市糖酒公司经理拓文碧等25人。

联营协议草签后，董酒厂与北关乡又多次对有关细节进行商榷，厂长办公会议又几次动员中层干部积极参加竞选到北关乡三个厂担任厂长，为酒乡作贡献。1988年6月22日，《遵义市北关乡政府与贵州省遵义董酒厂关于联合经营黔北窖酒等三个酒厂的协议书》在中国人民解放军驻遵义某部招待所正式签字通过。参加该会的有遵义市政府副市长冯振海、副市长朱润生、遵义市政府办公室主任周进远、遵义市糖酒公司经理拓文碧、董酒厂厂长陈锡初、遵义市经济委员会主任洪礼章、北关乡政府乡长杨志伦、遵义市农工部姜银臣、市公证处余光明；贵州电视台、遵义晚报等22个单位60余人。联营协议期限为6年（1988年7月1日—1994年6月30日），协议从1988年7月1日起生效。

6月24日，董酒厂召开了"支援北关乡三个酒厂投标答辩会"。会议由陈锡初主持，遵义市经委主任洪礼章、市轻工局局长王明、市经济研究室副主任王明根、市乡镇企业局局长石德明等作为专家评委参会。经过两轮答辩，在6个投标组中确定了四个组为候选组。经过专家交换、集中意见，6月

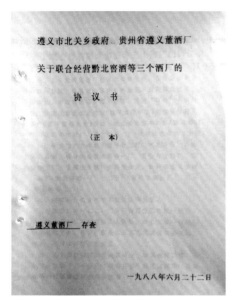

▲联合经营协议书　　　　　　▲协议公证书

28日公布了结果。黔北窖酒厂由刘平忠组中标，酒厂法人代表由组长刘平忠担任，并更名为董酒一分厂；董公寺窖酒厂由晏叔义组中标，酒厂法人代表由组长晏叔义担任，并更名为董酒二分厂；黔北窖二厂由李光黔组中标，酒厂法人代表由组长李光黔担任，并更名为董酒三分厂。董酒也成立了横向经济联营管理委员会，周道廉、党雄飞任主任，吴久荣任副主任，处理协调北关乡以及各分厂之间的工作。这三家企业于1989年组成董酒集团，生产上与董酒厂一致，但单独核算，属于半紧密型集团。三个酒厂年生产小曲白酒1 300吨，高粱酒350吨。

董酒一分厂有职工198人，设计年生产能力500吨。主要生产黔北老窖酒，黔北老窖酒为贵州名酒，1989年荣获省乡镇企业名酒金杯奖、全国首届食品博览会铜奖，1990年获农业部优质产品称号。董酒二分厂有职工125人，设计年生产能力为300吨。主要产品董公寺窖酒，1989年荣获贵州省乡镇企业名酒金杯奖。董酒三分厂有职工110人，设计年生产能力300吨。主要贴牌生产黔北老窖，和一分厂使用同一商标。

　　除了联营三个乡镇酒厂外，为了满足董窖及下窖高粱酒的生产需要，1988年6月29日，召开了遵义其他小酒厂的合作座谈会。董酒厂周道廉、杨仁厚、宴懋炎、田明夷、吴久荣、宋登、党雄飞等参加会议，会议由党雄飞主持。遵义县三合窖酒厂杨国栋、祥和酒厂龙德辉、龙坑酒厂徐能祈、农科所酒厂徐能容、谢家坝酒厂唐仲伦、龙坑场酒厂唐奉才、新卜酒厂何文中、禹门酒厂唐邦举等酒厂代表参加会议。会议商定1988年联营生产安排任务，其中三合酒厂50吨，祥和酒厂200吨，龙坑酒厂300吨，农科所酒厂50吨，龙坑场酒厂100吨，禹门酒厂20吨，谢家坝酒厂60吨，新卜酒厂100吨。为保证高粱酒质量，采用两次抽检、标样对照的办法，理化、感官检验合格后由董酒厂验收。

　　1988年，北关乡三个酒厂与董酒联营后，遵义酿酒厂并入董酒厂的呼声日高。遵义酿酒厂是原遵义酒精厂，是董酒的母厂，董酒厂是于1976年从遵义酿酒厂董酒车间分离出来独立建厂的。在董酒厂做强做大后，酿酒厂却日趋式微。1988年9月19日，遵义市政府批复同意遵义酿酒厂（原遵义酒精厂）并入董酒厂，董酒厂作为合并后的企业法人。考虑到董酒的信誉和酒精销售的状况，酒精产品的销售仍保留"遵义酒精厂"厂名。1989年1月1日，酿酒厂正式并入董酒厂，由董酒厂副厂长张统仪兼任法人代表，对内称之为董酒厂直属一厂，对外仍保留原厂名。

　　遵义酿酒厂并入董酒厂后，兼并遵义啤酒厂的条件也日趋成熟。1990年8月9日，遵义啤酒厂正式并入董酒厂。兼并后由董酒厂偿还原啤酒厂三万吨技改项目贷款本金及基准利息，三年内还清。兼并后酒厂更名董酒厂直属二厂，由董酒厂副厂长彭元明任法人代表，卢爱华为党总支书记，对内名称为董酒厂直属二厂。为方便产品销售对外保留"遵义啤酒厂"厂名。

　　1992年，遵义市委、市政府为响应中央"改革开放胆子要大一点，步子要大一点，速度要快一点，抓住当前有利时期，加快经济发展速度"的号召，针对国内外市场对董酒系列产品不断增长的需求，在遵义市经济发展规划中，拟将北关乡建成名酒基地。市政府于4月22日批复，同意董酒万吨工程计划方案，并要求抓紧实施。董酒厂所需6 000吨原料酒由北关乡筹建的乡镇

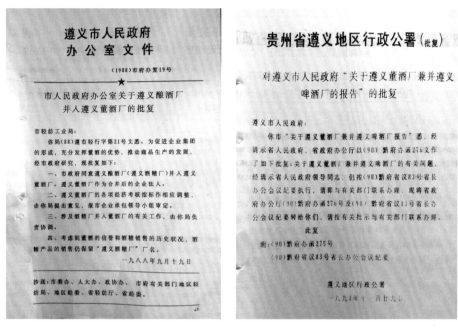

▲合并的批复　　　　　　　　▲兼并请示的批复

企业董公酒厂配套生产，成为董酒厂的卫星厂，该厂和董酒厂新扩建万吨工程同时展开。董公酒厂占地约300亩（1亩≈666.67平方米），厂址在董酒厂旁边金银寺，工厂设计和厂区规划由董酒厂全面负责，项目规划为三年，年度分步实施。

　　遵义市这些乡镇酒厂与国营董酒酒厂联营，让大厂带动小厂，国营带动集体，乡镇企业充分利用大酒厂的人才、技术和管理优势，弥补和完善自身的短板。乡镇酒厂产品与董酒厂配套，减少了市场风险，酒厂效益明显。董酒厂则减轻了企业负担，很快实现了年产万吨的目标。董酒厂与这些乡镇酒企共建、共享，并实现了共赢。

第五节　合作共赢——支援曲靖酒厂

1984年4月15日至19日，为落实中央领导同志视察西南时关于加速开发西南地区经济的指示精神，在贵阳举行了一场四川省、云南省、贵州省、广西壮族自治区、重庆市五方经济协调会议。参加会议的除地方党政负责人之外，还有不少经济战线的同志。国家相关部门共15个部委也应邀派了代表参加会议。会议制定了"五方经济协调会议若干原则"，各方介绍了自己经济发展情况，进行了广泛的经济技术和科技交流，探讨了合作的长期设想。其中贵州和云南就由遵义市帮助云南曲靖市酒厂提高产品质量的问题达成合作意向。

遵义市经综合考虑，决定由董酒厂负责支援曲靖酒厂，帮助其提高石林春酒质和研发一个新酒品。1985年3月25日，遵义市将任务下达到董酒厂。酒厂很快组成了由刘平忠（全质办主任、助工）、程正奎（技术顾问）和吴国治（烤酒车间副主任）等3人的考察组，从4月8日至4月14日，历时一周全面考察了曲靖酒厂。

曲靖酒厂坐落在曲靖市麒麟北路245号，1977年建厂，当时有职工60余人，生产石林春、石林大曲、大曲酒等三个品种，均属于大曲浓香型白酒，参照泸州老窖大曲酿造工艺生产，年产200多吨。石林春酒于1980年、1984年被评为云南省优质酒。石林春酒销售良好，主要以省内市场为主，部分销往外地。当地零售价2.80元/斤（500克），有瓷瓶和玻璃瓶等三种包装，斤装盒和0.25斤装两种。

关于石林春酒质量，由于和董酒香型不同，生产工艺不一样，董酒厂的同志和曲靖酒厂的同志一起，以泸州老窖生产工艺进行对照，共同观察、分析，发现主要问题有：

1. 大曲质量波动较大，陈曲供应不上，使用新曲，曲块中发酵情况不良，有壳厚、体重，甚至中间有发霉"烧包"等情况。尽管出酒率良好，但酒的质量直接受到影响。

2. 辅料（谷壳）用量过高，按工艺要求为20％，而实际却大大超过20％。

3. 出窖醅残余淀粉偏高，应控制在7％～8％，而实际达到了9.5％～12.8％，醅料在窖池中发酵不充分。

4. 酒醅中水分含量大，达到60％～66％，要求控制在55％～59％，主要是黄水未控干。

5. 酸度偏低，淀粉偏高。水重酸低是主要技术问题，这些不利因素给杂菌造成可乘之机，据酒厂工程师介绍，过去也曾发生过"倒窖"情况。

综合上述情况，董酒厂的同志提出石林春酒的质量问题，应从这几个方面加以改进：

1. 建议选出责任心较强的人把好制曲关，认真解决大曲质量。

2. 强调定量发放和使用谷壳（经蒸）。

3. 调酸降水。

4. 分部位取醅蒸酒，充分利用边糟、底糟出好酒的优势。

5. 分级入库，分级贮存。

6. 把好勾兑关，缩小批次差。

7. 改进包装。

8. 全面开展质量管理，以全员工作质量进行全过程质量控制，用提高职工素质来解决产品质量存在的问题。逐步建立《质量责任制度》《质量奖惩制度》等制度，做好稳定产品质量的基础工作。

董酒厂的建议得到了曲靖酒厂的高度重视，厂方马上召开整改会议，逐项落实，责任到人。同时还从三个方面加以改进：首先委托云南大学生物系协助搞10万公斤人工老窖泥，以解决窖池退化问题，这对酒质的提高是非常必要的；其次是提高技术人员素质，选派人员到农业大学参加培训，对实验室加大投入，加强质量检测；最后要求开展市场调查，改进包装。

改进后，石林春酒主要原料为优质曲靖粳高粱。入厂脱壳，减少单宁含量，以利于糖化和发酵。高粱晾干、扬净，无杂质、无霉变，并配入一定数量的米质纯净、色白、无杂质的糯米。以蒸熟的谷壳为填充料，加入量不超过20%。谷壳较完整，无杂质，绝无霉变。

制曲小麦要求无虫蛀、杂质、霉变。曲为中温曲，在制作过程中，最高温度在50~60℃左右。曲块制成后，贮存一年，成为陈曲再使用。

用水为厂内白石江岸两眼110米深的机井内抽取，水质纯净、甘甜。地窖由当地特有白沙土本土挖成，窖壁用人工培养窖泥构筑，注重养护。

酿造的工艺要求：先将高粱、糯米粉碎，20孔筛料占70%，0.5厘米孔料30%。主料、配料、填充料按规定比例配入、拌匀。将原料和发酵后的酒醅相混合，装入甑中，同时进行蒸酒和蒸料（即混蒸或混烧）。蒸后加浆（量水）、加曲，入窖进行糖化、发酵。随即用泥将窖密封，发酵时间120~180天。酒酿成后，分级贮存，装入陶瓷大缸密封，贮存一年半，经过过滤、勾兑、沉淀后，方为成品酒，才可装瓶。涅槃后的石林春酒以清晶透明、香醇浓郁、清洌甘爽、醇甜柔和、回味悠长而著称。酒厂年产酒270吨，其中石林春酒70吨。

在完善、提升曲靖酒厂原来大曲浓香工艺的同时，董酒厂的同志经过翔实调查，认为曲靖酒厂具备生产董香型白酒的条件，并适时提出了这一建议。

根据曲靖地区防疫站提供的资料，曲靖酒厂当地各项自然条件如下：

1. 水质：地下白沙水。

硬度0.059mg/g

总铁0.075mg/g

硝酸盐氮0.52mg/g

pH值7.82

总硬度139.64N/mm^2

臭和味1级

色度5度

混浊度0NTU

上述主指标，情况良好，符合饮用水标准。

2. 气温：年平均气温14.5～14.7℃。董酒厂同志现地感受：日温差明显，早晚凉，中午热。从酿酒角度权衡，曲靖市局部气候条件理想，冬无严寒，夏亦无酷暑，适宜酿造。

3. 土质：酒厂所在地以白沙土、黄土为主，附近有白胶泥。酒厂的白沙土居多，其水溶pH值为6.0，土质良好。

4. 风较大，室内外相对湿度稍偏低78％～80％。

曲靖酒厂认真考虑后欣然采纳了董酒厂的建议。在董酒厂建议和技术支持下，1985年，曲靖酒厂董香型新品"云春"酒顺利问世。

原料：选用优质高粱、小麦、大米、多味中药材等为配制原料。

酿造：用小麦制成大曲、大米和多味中药材制成小曲为糖化发酵剂，经发酵蒸馏，按质接酒，分级装坛，封缸贮存，精心勾兑等工序酿成。

特点：云春酒属其他香型白酒。此酒无色，澄清透明，香气幽雅、细腻，酒体丰满醇和，香味协调，饮后甘爽味长，风格独特，酒度为54°。

荣誉：曲靖牌云春酒于1986年被评为云南省优质产品，1988年获商业部优质产品金爵奖。

这次酒厂间的合作，是西南地区的经济合作的一个典范。曲靖酒厂没有故步自封，而是博采众长，把董酒先进的酿造科技和管理经验引进来，有效改进酒厂原来存在的问题，有力提升酒厂的产品质量。创新产品获得了省优，并为云南省获得了第一个酒类产品部优奖。遵义董酒厂在这次合作中，坦荡磊落，虽然新创产品和董酒有竞争关系，但仍然派出优秀的技术团队，不藏私、不保守，知无不言，言无不尽，为提高酒厂的产品质量建言献策，为新创酒品尽心竭力。

附1:

怀念父亲刘平忠

文 / 刘滨

刘平忠是我的父亲。我的印象中,无论顺境、逆境,他都保持着乐观、积极的态度。

父亲生于1944年11月18日(阴历),祖籍江西吉安府。1957年考上贵阳化工机械学校,毕业后到贵阳清镇贵州省电力局火电三处从事地勘、测绘、质量检验工作。

1976年因照顾家庭,调入遵义董酒厂,并筹建厂化验室。随后在董酒厂的28年里,先后任化验室主任、厂长秘书、一分厂厂长、全面质量管理办公室主任、厂志办主任。

1977年—1988年,作为核心人员参与董酒厂技术体系建设工作,并实际主持了水源、水质的查勘、分析;结合董酒工艺,参与了董酒酿造工艺的研究,并实际主持了下窖工艺的研究,制定了相关流程和工艺规程。其间,父亲撰写了《酿造董酒的"三要素"(水、粮、药)探讨》《酿造董酒传统工艺总结》《董酒渊源》等技术论文、管理论文和相关文章20余篇。1988年12月,董酒厂推荐父亲申报酿酒工程师职称。遵义市地区经济委员会(1989)经职改字11号文,评审同意董酒厂田明夷、刘鸣涛、刘旋龙、杨文君、刘平忠、晏懋炎、杨仁厚为工程师。

1981年—1983年,父亲主持董酒厂的全面质量管理导入工作,先后主持编辑了董酒管理标准、技术标准、工作标准。其中,他亲自撰写了管理标准。

1984年,根据中国轻工业部(84)轻食酒第5号《关于编写"中国酿酒史"座谈研究会的通知》,董酒被指定作为中国酿酒史的重要组成部分。

1987年,根据贵州省修志工作会议精神,董酒厂成立了专门的厂志编纂办公室，父亲任主任。经过几年的努力，董酒厂厂志完稿，并经过了三次的集中评审。

经过多次修改后，1995年11月29日，贵州省地方志编纂委员会罗再麟主任评价《董酒厂厂志》："写得不错，资料收集得丰富翔实，不仅反映了建厂及其发展状况的实际，也有很丰富的酒文化内涵，是一部不可多得的中国酒文化宝典，值得传远留久"。

但此时，董酒厂已经陷入经济困境，无法支付厂志编辑、付印的费用，出版工作由此搁置。在后来的多年里，父亲总觉得是遗憾。当时，我没有任何感受。父亲过世后，在整理资料的过程中，看到父亲那熟悉的正楷，看到几十万字的评审稿，看到父亲用认真、儒雅的文字对董酒厂的历史、人物、事件进行描述，对不够清晰事项请求有关领导提供帮助以便求证历史的信件，我仿佛明白了父亲的情怀，他是想把董酒厂史，也是他曾经奋斗的事业的痕迹留给后人。

2004年，父亲退休后仿佛焕发了第二春。整日研究各类少数民族文字、岩画等。发表了许多作品，获得了很多奖项、聘书，现在看来，退休后的日子，父亲是高兴的。

如果父亲得知，肖先生和郑先生将董酒厂的历史编书留迹，他一定会很高兴！祝《大曲小曲落玉盘——中华传统工艺董香酒文化》一书宛如董酒，越久越香，越久越有生命力！祝父亲在天堂快乐！

作者简介：刘滨，男，中国社会科学院博士，在《经济日报》《经济管理与研究》等报刊、核心期刊上发表近百篇研究论文，研究方向：生态循环经济、区域经济平衡与突破、投融资、产业并购、PPP项目分析。

第六章　酒厂管理

第一节　人力资源

酒厂的内部人力资源管理活动经历了一个曲折的发展历程，分为三个时期：

一是垂直管理（1977年以前）。产量低，人员少，大部分是手工操作，各职能部门对生产只起辅助作用，由厂部直接管理人、器具及生产安排。

二是职能管理（1977年—1983年）。随着产量扩大，人员增多，各职能部门相应发挥作用，逐步形成决策、组织协调系列活动，其特点是三级管理，即厂、车间（科室）、班组逐级管理。

三是科学管理（1983年以后）。随着企业发展，特别是产量上升，规模扩大，生产及围绕生产的各项活动日趋增多，管理部门变化频繁，专业管理也越来越细化，也越来越规范。

一、职工情况

1976年6月，全厂职工总数53人。其中男职工45人，女职工8人。正式干部11人，为职工总数的21.2%。1976年底职工人数56人，除53人外，从省内调入固定职工3人。

1986年末职工总数767人。其中男职工542人，女职工225人。正式干部76人，为职工总数9.9%。职工中，合同制工人11人，占总数的6.9%。与1976年相比，职工增长14.8倍。职工文化结构为：大专45人，占职工总数6.86%；中专32人，占职工总数4.17%；技校48人，占职工总数6.26%；高中142人，占职工总数18.5%；初中401人，占职工总数52.3%；小学99人，占职工总数12.9%。其中，有工程师1人，助理工程师4人，会计师1人。职工增长源为调进、招收、土地征用代收、大中专生分配、复退军人安置等。

1990年末，职工总数1 694人。其中男职工1 081人，女职工613人，正式干部189人，为职工总数30.8%。职工中，合同制工人359人，占总数的21.2%。与1976年相比，职工增长30.3倍。职工文化结构为：大专97人，占职工总数的5.73%；中专108人，占职工总数的6.38%；技校132人；占职工总数的7.8%；高中385人，占职工总数的22.73%；初中925人，占职工总数的54.6%；小学46人，占职工总数的2.72%。

▲车间女工

▲董酒车间

二、职称情况

截止1990年12月31日，已评审的专业技术人员名单如下：

1. 高级职称

（1）高级经济师：陈锡初

（2）高级工程师：贾翘彦、王师俊

▲职称评定委员会聘书

2. 中级职称

（1）经济师：李光印、周道廉、刘伯禄、王正中、郭子云、蔡灿莉、张桂美、蒋成忠、梅秀明、王荣刚、吴久云

（2）工程师：刘裕祥、刘以文、张德仪、刘旋龙、田明夷、刘鸣涛、杨文君、刘平忠、晏懋炎、杨仁厚、党雄飞、彭世昌、黄传冕、蔡大华、余毓忠、周世国、杨绍勤、王荣强、王宏建、梁长义、张常静

（3）会计师：邹曼冰、廖进基、李荣录、陈东铭

（4）统计师：陆堂珍

（5）主治医师：唐昌寿、唐晓梅、喻世高、黎德忠、祝传芬、税安云、刘兴义

（6）工艺美术师：王怀义

（7）编辑：陈春琼

（8）小学高级教师：文纯芬、张前英、崔可碧、彭友芸、万志梅

3. 初级职称

（1）助理级

①助理经济师：姚绍清、朱学杰、高应华、蒋启明、刘远杨、盛桥、罗样林、鲁玉平、唐远芬、杨芝全、汤光华、王嫚珍、苏琪、董志伟、张启伦、张琴华、曾令蓉、廖亚林、何克勤、彭怀应、游大军、黄忠琪、彭元明、董志国、付建强、吴玉章、王初征、卢爱华、倪明华、龙灵煌、周道

生、王兴林、晏叔义、丁建国、王育珍、叶月华、郑捷先、胡跃晋、陈元勇、封永林、游祖贵、周明宣

②助理工程师：刘虹光、包永珍、何云祥、孙愚、贾豫梅、苏丽、李其书、张小星、张靓华、高军莉、周黔蜀、王国礼、李仕元、梁文伦、贺光华、刘晓军、喻伟、姚再华、周俊明、宋立新、王东安、漆方义、吴官斌、赵用友、徐兴强、高腾、王平、冉瑞仙、翁凡群、施兴准、李元生、张羽华、周云强、张仁。

③助理会计师：柯国良、胡志远、袁余英、孙素英、李宁碧、李正龙、陈元。

④助理统计师：陈敏

⑤医师（护理师）：刘娟娟、魏竹正、龚祖培、魏竹春、刘诗琼、高凤琴

⑥助理工艺美术师：李时佛

⑦助理编辑：陈奇斌、赵波

⑧小学一级教师：王明珍

⑨助理馆员：曹辉、杨永福、陈于辉

（2）科员级

①经济员：代录、曾淑贤、孙际成、唐红义、邹强、张细莲、牟家强、屠智星、陈先萍、姚建生、廖宇俊、王条新、杨书剧、韩小芳、姜复刚、张丽芳、张建强、王锡庆、胡永堂、张光明、郭仕华、王秋华、胡雪峰、杨静、甘愿、罗秀英、盛荣海、申秀英

②技术员：何克坤、刘云华、骆丽娟、王碧兰、蔡俊平、彭梅、邹代会、张贵菊、陈学智、包福敏、张勇、王天德、何继军、刘正胜、李本军、彭晓华、张嘉志、朱国丽、王荣碧、姚建军、胡永、范永刚、曹乾明、周祥红、王振学、陈义莲、张成川、刘丽丽、田永洁、屈静、饶小竹、张世杰

③会计员：陈晓燕、刘筑生、陶思丽、刘英、金遵、邹琼、谢林华、杨虹、陈天美、喻世昌、徐向北、唐义、江明静、朱国泉、郭惠芳、李东、刘文萍

④统计员：曾凡明、刘燕、李鸿美、翁凡会、胡淑芳、毛明莉

⑤医士（护士）：江秋、张聪芳、姜烨、朱志勇、徐武红

⑥工艺美术员：李正楷

⑦小学二、三级，中学三级，幼教教师：熊云霞、聂小筠、陆昌秀、刘少满、凌金梅、沈秀梅、管玉玺

⑧档案管理员：李渝芳、王正容、任宗英

⑨群众文化管理员：石俊红、程袁、范小红

⑩图书管理员：周遵群

三、职工工资

1976年，职工平均月工资为44.70元。由于企业处于亏损中，在1976年至1978年三年艰苦奋斗中，职工工资（实际收入）略有下降。

1979年，厂党支部冒着风险决定在厂内主要生产班试行"定额超产奖"，以此调动职工的劳动热情。同年，企业扭亏为盈，职工实际收入第一次出现了增长。

1986年与1976年比，职工实际收入平均增长2.5倍。1985年11月，贵州省人民政府下发黔府（1986）11号文，主要内容是为贯彻落实国发（1985）2号、国发办（1985）3号文件精神，要求认真做好国营企业工资改革准备工作。其中企业的工资总额要同企业的经济效益挂钩；企业与国家机关、事业单位的工资改革和工资调整脱钩；企业实行工资总额随同企业经济效益浮动的办法，企业职工的工资增长依靠企业经济效益的提高，国家不再统一安排企业职工的改革和工资调整，企业内部的工资分配形式，根据企业的效益，自行研究确定。

根据上述文件精神，厂长陈锡初、劳资科科长郭子云等在地、市劳动、财政、税务部门和经委的协助下，对1982年至1984年三年完成各项经济指标、工资组成及实际支付情况，多次反复测算。根据董酒生产周期长、当年生产不能当年反映经济效益的实际情况，制订了"含量工资"分配办法。又经多次修改定稿，于1986年6月12日，经贵州省企业工资改革办公室以黔企

资改〔86〕第79号批准实施。

该方案考虑全面，结合实际紧密。具有以下几个特点：

1. 董酒生产工艺复杂。生产周期长达2年，当年生产只能反映生产量，不能反映实际效益。如大窖发酵期10个月，属"在制品"。还有酒在库房贮存期最少为1年，属"半成品"。这一特殊情况，试行"含量工资"，将生产效益、分配关系、管理手段结合起来，打破了等级工资，把"旱涝保收"的"死工资"变成了以职工生产的产量、质量、工作成果紧密结合起来的"活工资"，起到了奖勤罚懒的作用。

2. 在企业内部进行第二层次分配。充分体现了"多劳多得，上不封顶，下不保底"。只要能生产出合格酒，厂里即按质量、数量计发工资。职工不能再吃企业的"大锅饭"。企业没有生产出合格酒，国家不支付吨酒工资。这就将职工吃企业、企业吃国家这两口"大锅饭"机制同时砸烂，增强了企业、职工的责任心，调动了职工积极性。

3. 解决了企业和职工的后顾之忧。在没有试行"含量工资"前，工资总额是职工的等级标准工资加上国家规定的各种津贴之总和。曾出现核定的工资总额不够开支的局面，只好以核定的工资额来限制生产，使其不要突破总额。试行"含量工资制"后，解决了这一矛盾。企业只要生产出合格酒，即可核定含量工资，多产多得，反之则从核定的工资基数中扣减。这样一来，职工不用担心自己多生产但企业发不出工资，企业也不用担心职工多生产但工资总额不够。

4. 体现了国家、企业、职工个人三者利益的一致性。多劳多得激励职工真正关心生产、关心质量，有了紧迫感和责任感。"含量工资"分配制度在一段时间内稳定和促进了董酒事业的发展。

四、劳动保护和职工福利

劳保工作由劳资科负责。1985年前，职工人均劳保费用为28.3元。随着经济发展，粮贴、副食品补助也逐渐增加，加班人员轮流换休或享受加班费，中夜班人员享受夜餐补贴。

1986年3月，建立了厂托儿所，解决职工子女入托问题。每年一次发给15周岁以下儿童"6.1"儿童节纪念品，每年一次解决职工子女入学补贴。在外面住的职工，可享受煤水房租补贴和冬季取暖用煤补贴。

▲酒厂食堂饭票

1984～1986年，每个职工每月供应董酒2～4瓶。1987年后，改为重大节日供应一件。

高温作业的锅炉工、粉尘作业制曲工、电火焊工和酿酒人员，享受高温、粉尘等补贴。全厂职工均享受劳动保护用品，其中23个岗位劳保用品实行定额配给。

住房方面，在优先老工人、老干部、科技人员的情况下，统筹安排、合理解决职工住房问题。

五、历史沿革、机构变迁和中层以上人员

1957～1976年6月，董酒车间隶属遵义酒精厂。

1957～1958年试制期，项目主持方为遵义酒精厂，试制期技术负责人：程明坤。

1958年3～12月，车间负责人：王明锐。全车间计有职工22人。刘绍甫任烤酒班班长，程正奎任勤杂组组长。同年5～12月酒精厂李汉臣副厂长分管董酒车间。

1959～1962年7月，由于自然灾害，部分停产，职工精简。留守人员为刘木山、米树清等。

1962年7月临时负责人：李绍斌、吴国志。

1962年8月车间负责人：王淑苓。

1966～1976年，这10年间，车间负责人更换频繁，先后为刘木山、刘登检、王淑苓、邓学斌、刘伯禄、程家林、丰正臣、刘兴奎、陈锡初。

1976年6月1日正式建立贵州省遵义市董酒厂，隶属遵义市轻工业局。中共遵义市董酒厂党支部书记：陈锡初。遵义董酒厂革命委员会副主任：梅秀明。各部门负责人，政工、宣传：刘伯禄；基建：王明锐、熊国华；财务：邹曼冰；总务：党国书；供销：吴久荣；酒库：晏懋炎。同年年底，又明确下列部门负责人：人事、保卫：刘旋龙、高腾；生产技术：贾翘彦。

　　1977年化验室筹建，负责人：刘平忠。

　　1979年11月22日市委组织部组干任字（1979）43号：梅秀明任董酒厂厂长，贾翘彦任董酒厂副厂长。

　　1982年1月6日市组干任字（1982）007号、（1982）201号：陈锡初任董酒厂厂长，梅秀明任董酒厂副厂长。

　　1982~1983年各部门负责人：

　　政工：王荣刚

　　保卫：游大军

　　财务：邹曼冰

　　供销：吴久荣

　　劳资：汤光华

　　基建：王明锐

　　生技：刘鸣涛

　　酒库：吴官斌

　　医务：时国良

　　化验：刘平忠

　　总务：牟阳、曾治平

　　1982年至1986年，实行厂长负责制。行政机构负责人由上级主管部门正式任命。

　　1982年8月2日工交部遵市工字（1982）76号：刘鸣涛任生产技术科科长，王明锐任基建科长。

　　1983年6月6日遵义市工字（1983）14号：邹曼冰任财务科副科长。厂办负责人先后为刘平忠、王荣刚、郭子云、卢爱华、张桂英。

　　1984年1月6日厂内正式任命：

邹曼冰任财务科科长

周道廉任供销科科长

杨仁厚任质管科科长

付建强任生技科科长

刘平忠任质管科副科长

汤光华任劳资科副科长

胡世兴任保卫科副科长

任正刚任基建科副科长

吴久荣任行政科副科长

晏懋炎任董酒车间主任

游大军任包装车间主任

刘旋龙任动力车间主任

刘兴奎任董酒车间副主任

王碧林任董酒车间副主任

施兴准任制曲车间副主任

程正奎任制曲车间副主任

邓苏贵任包装车间副主任

陈玉任包装车间副主任

文纯祥任动力车间副主任

高军莉任化验室副主任

李光黔任职教办副主任

吴官斌任酒库副主任

龚祖培任医务室副主任

王荣刚任厂办副主任

时国良任劳动服务公司经理

1984年5月15日组干任（1984）19号：任正刚任董酒厂副厂长。

1984年12月6日市企经（1984）040号：贾翘彦、任正刚任董酒厂副厂长。

1985年1月1日厂内正式任命：

程正奎任董酒厂技术顾问（副厂级待遇）

刘伯禄任政工科科长

郭子云任人保科科长

邹曼冰任财务科科长

蒋成忠任生产科科长

周道廉任供销科科长

杨仁厚任质管科科长

王明锐任基建科科长

刘平忠任新产品开发科科长

胡世兴任人保科副科长

王碧林任生产科副科长

王平任质管科副科长

高腾任汽车队队长

时国良任劳动服务公司经理

王兴林任劳动服务公司副经理

龚祖培任医务室主任

杨之全任职教办副主任

高军利任化验室副主任

吴官斌任酒库副主任

李光印任厂办公室副主任

罗克江任董酒一车间主任

付建强任董酒二车间主任

晏懋炎任制曲车间主任

游大军任包装车间主任

刘兴奎任董酒一车间副主任

吴国志任董酒二车间副主任

吴久荣任包装车间副主任

邓苏贵任包装车间副主任

徐兴强任动力车间副主任

1985年3月13日，厂内正式任命：刘鸣涛任新产品试制车间主任，刘平忠免去新产品开发科科长，任全面质量管理办公室主任。

1985年3月25日市企政（1986）026号：杨仁厚任董酒厂副厂长。

1985年4月26日厂内任命：刘裕祥任基建科副科长

1985年6月8日厂内任命：

桂文才任保卫科科长

陈玉任行政科副科长

刘兴奎任董酒二车间副主任

胡世兴任保卫科副科长

1985年7月10日厂内任命：

周世国任质计科副科长

赵智学任董酒一车间副主任

1985年10月18日市企政（1985）081号：周道廉、晏懋炎任董酒厂副厂长。

1985年11月11日厂内任命：

周道廉（副厂长）兼供销科科长

董树其任供销科副科长

张细连任供销科副科长

孙仁才任行政科副科长（主持工作）

卢爱华任厂办公室剧主任

李光印任厂办公室主任

吴久荣任制曲车间主任

杨盛荣任包装车间副主任

基建工程指挥部任职：

王明锐任办公室主任

刘格样任办公室副主任兼施工科科长

李荣禄任财务科科长

党雄飞任工艺设备科科长

何克勤任材料供应科科长

施兴准、张仁贵任施工科副科长

廖进基任财务科副科长

刘旋龙任工艺设备科副科长

张启伦任材料供应科副科长

1986年2月21日厂内任命：

李光印任黔北窖酒厂副厂长

吴国志任董公寺窖酒厂副厂长

程正奎任北关乡酿酒技术顾问

彭世昌任动力设备科副科长（主持工作）

蔡大华动力设备科副科长

1986年7月28日厂内任命：

吴官斌任酒库主任

彭世昌任动力设备科科长

王荣强任包装二车间主任

刘成良任董醇车间副主任

丰洪仙任包装二车间副主任

徐兴强任动力设备科副科长

1986年11月19日厂内任命：

王碧林任董酒三车间主任

陈元勇任董酒三车间主任

漆云义任制曲车间副主任

钟明贵任经济民警队队长（副科级待遇）

赵胜强任经济民警队副队长（一级科员待遇）

1991年12月15日董酒厂中层以上干部名录：

陈锡初　党委书记、厂长（法人代表）

王荣刚　党委副书记、副厂长兼武装部政委

贾翘彦　副厂长、总工程师，科研所长

王荣强　副厂长、总调度长

晏懋炎　副厂长

杨仁厚　副厂长

邹曼冰　厂长助理、总会计师，财务科科长

付建强　厂长助理

晏叔义　厂长助理

胡淑芳　党委副书记，组织科科长

党雄飞　纪委副书记

张桂英　厂办公室主任

刘伯禄　厂工会主席

张汉甲　监察室主任

梅秀明　原基建指挥部副指挥长、技改领导小组副组长、副厂级调研员

刘裕祥　原副指挥长技改办公室主任

程正奎　厂技术顾问，制曲二车间副主任

成彦辉　董酒一车间主任

王师俊　副厂级待遇

李照铎　原党委书记、厂级调研员

杨国钧　原党委副书记兼党委办公室主任、副厂级调研员

1992年后，增补副厂级待遇：

刘平忠　法规办公室、厂志办公室主任

郭子云　厂长助理 劳资科科长

晏叔义　厂长助理

吴国志　厂长助理 制酒六车间主任

梁起超　厂长助理

酒厂正科级任职：

蔡大华　副总调度长、副总工程师、设备动力科科长

陆堂珍　副总调度长、计划统计科科长

田明夷　副总工程师、质检科科长

郭子云　劳资科科长

刘大林　物资管理科科长

张细莲　销售科科长

张琴华　原辅材料供应科科长

徐良伟　宣传科科长

高　腾　运输科科长

杨文君　工艺技术科科长

黄传冕　计量科科长

杨芝全　教育科科长

廖进基　审计科科长

刘平忠　厂志办主任、厂长秘书

赵培林　公安科科长

彭世昌　安全科科长、消防队队长

何克勤　房产管理科科长

王新林　生活福利科科长

赵用友　运输科党支部书记

吴官斌　酒库主任

龚祖培　医务室主任

陈春琼　《董酒报》编辑室主任

李光印　职改办主任

吴久荣　横向经济联合办公室副主任

周道生　包装物品供应科副科长（主持工作）

李荣禄　原基建财务科科长

游大军　董酒一车间、包装一车间党支部书记

王名见　董酒二车间主任

罗锡凡　董酒三车间主任

宋松林　董酒四车间主任

房胜华　董酒五车间主任

吴国志　董酒六车间主任

孙仁才　制曲一车间主任兼支部书记

郭翔惠　制曲二车间主任

彭世华　包装一车间主任

丰洪仙　包装二车间主任

王育华　包装二车间支部书记

曾凡惠　包装三车间主任

胡美珍　包装三车间支部书记

王国礼　锅炉车间主任

汤光华　锅炉车间支部书记

倪天才　机电车间主任

董酒厂副科级任职：

霍文新　党委办公室副主任

王怀义　宣传科副科长

苟天银　设备动力科副科长

牟家强　销售科副科长

董树其　包装物品供应科副科长

王东安　运输科副科长

王平质　检科副科长

蔡灿丽　全质办副主任

陈少鹏　公安科副科长

温松会　安全科副科长

谭振忠　环保科副科长

钟明贵　武装部副部长

陈　玉　行政科副科长

赵胜强　经警队队长

蔡丽影　接待科副科长

曹　辉　工会办公室副主任

王国藻　工会生活福利组组长

邓苏贵　工会女工组

魏竹正　工会女工组组长

陈于辉　工会文体组组长

张启伦　原基建物资材料科副科长

张仁贵　原基建施工科副科长

毛宗仙　董酒一车间副主任

蒋家训　董酒三车间副主任

邹　强　董酒四车间副主任

杨仁江　董酒五车间副主任

万家强　董酒六车间副主任

田永洁　制曲一车间副主任

杨正友　制曲二车间副主任

刘建奇　包装二车间副主任

孙广林　包装三车间副主任

高军莉　中心化验室副主任、质检科副科长、科研所副所长

第二节 账务和设备

董酒厂建厂至1990年，共实现税利1 420万元，为1990年固定资产净值的6.2倍，为建厂总投资433.6万的2.63倍，即赚回2.6个董酒厂，固定资产净值从1976年15万元增加到1990年的4 548万元，是建厂初期的303.2倍。

酒厂经济效益分三阶段：1976年～1978年的亏损阶段，三年合计亏损8.6万元，上交税金69.31万元；1979年～1983年的微利阶段，五年合计盈利72.4万元，上交税金376.1万元；1984年～1990年的盈利阶段，七年合计盈利2 290万元，上交税金6 281.2万元。

1976年建厂初期条件艰苦，缺资金、缺人员，全厂只有现金5 000元，流动资产是装在酒罐中的半成品酒（高粱酒）和新烤出的董酒。全厂固定资产仅15万元，主要是原董酒车间留下的几间破旧木结构生产厂房。

计划经济时代，董酒为政策性亏损，由财政给补贴，董酒实际成本为每吨1 691.50元，加上税金就已突破销售价格，连续三年均为亏损。为了尽快摘掉"政策允许亏损"的帽子，厂里开发了一些其他产品，并在降低成本上下功夫，终于在1979年摘掉亏损帽子，盈利4万元。

董酒厂财务管理主要由财务科实施。1983年5月，设立财务科，邹曼冰任科长。此后董酒厂的财务管理逐渐步入正轨。财务管理的核心是成本管理，这一过程从消极计算成本，逐渐演变到推行成本核算。这一管理模式的演变，也和董酒的生产特点相关：董酒从投料到产出需用时一年多，陈酿又需要一年以上，整个生产周期为二年多。投入产出时间跨度大，传统按年度成本核算带来许多不便。成本以当年实际消耗为考核目标，包括八项内容：（1）原材辅料；（2）动力能源消耗；（3）包装材料；（4）损耗；（5）人工工资；（6）产品产量及合格率；（7）非生产性支出；（8）企业管理费用。

但随着物价连年上涨，控制成本的压力越来越大。除了增品种、保质量、上规模等开源之外，加强成本核算与成本管理从而节流也非常重要。为

1976～1990年董酒厂主要指标完成表

时间	产值（万元）	产量（吨）	全员劳动生产率（万吨）	实物劳动生产率（万吨）	职工人数（人）	上交税利（万元）
1976	17.67	90.49	0.34	1.74	52	6.767
1977	30.57	141.20	0.39	1.79	79	23.144
1978	42.15	200.29	0.44	2.09	96	28.398
1979	60.16	253.37	0.40	2.03	125	59.223
1980	66.01	254.60	0.39	1.52	167	67.097
1981	76.7	226.49	0.40	1.17	193	71.195
1982	171.5	421.88	0.65	1.60	263	109.96
1983	217.8	520.07	0.76	1.81	288	140.59
1984	256.1	537.27	0.60	1.26	426	240.2
1985	333.8	726.21	0.61	1.32	549	191.63
1986	495.0	1 166.84	0.70	1.65	708	299.12
1987	728.0	1 417.83	0.83	1.63	871	625
1988	1 309.7	2 838.33	1.26	2.73	1 040	1 685.5
1989	1 646.2	3 036.30	1.08	1.99	1 629	2 598.59
1990	2 682.8	4 221	1.69	2.65	1 592	2 930.3

此，财务科拟订了9项财会管理制度：（1）固定资产管理办法；（2）专用基金管理办法；（3）低值易耗品管理办法；（4）产品成本管理办法；（5）流动资产管理办法；（6）企业费用管理办法；（7）经济手续审批权限规定；（8）劳保、医疗费用报支办法；（9）会计管理制度。

与成本密切相关的各职能部门也都采取了一系列措施，制定了各项消耗定额标准。厂监察室、审计室、法规办公室也积极配合，加强监督管理。形成了财务部门主要抓，有关部门配合抓的成本管理体系。1989年后，将成本核算推进到车间及班组。

物料的正常消费转换过程就是企业的生产过程，在生产计划指导下，合理采购生产所需的各类物资并妥善保管、发放。

1989年前，董酒厂物资采购、保管、发放都由供应科负责。随着管理完善、细分，1989年后专门设立了物资管理科，对物料分十五类进行管理、发放，科长先后由刘大林、邬仕华担任。主要物料年平均消耗使用量见下表（1990年止）。

主要物料年平均消耗使用量

序号	库房名称	品种	规格	单位	吞吐量			
					进货量	年发出量	月发出量	日发出量
1	红粮库	高粱	国标二级	吨	13 328.6	12 290	1024	41
2	酒精库	酒精		吨	640.2	646	53.8	
3	钢材库	各类钢材	(管、板等)	吨	68.3	63.9	4.5	
4	大曲库	麦曲		吨	886	643	4.5	
5	小曲库	米曲		吨	152	105.8	8.8	0.352
6	药材库	中药材	124个品种	吨	按批次进货发放			
7	包装一库	董酒纸箱	600ml	套		8 400	7 000	
	包装一库	董酒彩盒	500ml	套		1 008 000	84 000	
	包装一库	董酒纸箱	260ml	套		24 000	2 000	
	包装一库	董酒彩盒	250ml	套		240 000	20 000	
	包装一库	董酒纸箱	125ml	套		24 000	2 000	
	包装一库	董酒彩盒	126ml	套		288 000	24 000	
	包位一库	董酒纸箱	50ml	套		48 000	4 000	
8	包装一库	董酒彩盒	50ml	套		768 000	64 000	
	包装二库	董酒纸箱		套		608 928	50 744	
9	包装二库	董酒彩盒		套				
	包装二库	打包带		吨		19	1.6	
	包装二库	胶带		万个		2.01	0.17	
	包装二库	董酒彩盒38°		万套		160.1	13.3	
	包装二库	董酒彩盒38°	豪华型	万套		62.4	6.2	
	包装二库	董酒纸箱38°		万套		13.4	1.1	
	包装二库	董酒纸箱38°	豪华型	万套		5.03	0.42	

续表

序号	库房名称	品种	规格	单位	吞吐量			
					进货量	年发出量	月发出量	日发出量
10	包装三库	董酒商标	600ml	万套		118	96.7	
	包装三库	董酒商标	600ml	万套		2 406	200.4	
	包装三库	董酒商标	250ml	万套		154.4	12.9	
	包装三库	董酒商标	125ml	万套		172	14.4	
	包装三库	董酒商标38°	500ml	万套		757.1	63	
	包装三库	董酒商标41°	600ml	万套		53.4	4.46	
	包装三库	董酒瓶盖	500ml	万个		2449	204	
	包装三库	董酒瓶盖	250ml	万个		166.9	13.1	
	包装三库	董酒瓶盖	125ml	万个		174	14.5	
	瓶库	董酒瓶	500ml	万个		960	80	
	瓶库	董酒瓶	260ml	万个		300	25	
	瓶库	董酒瓶	125ml	万个		48	4	
	瓶库	董酒瓶	50ml	万个		30	2.5	
	瓶库	董容瓶	500ml	万个		48	4	
	瓶库	容白瓶	500ml	万个		48	4	
	瓶库	董酒瓶38°	500ml	万个		480	40	
11	粮库	大米	中等	吨	169.6	166.6	14	
	粮库	小麦		吨	966.8	786.8	66.7	12
12	谷壳	谷壳		吨	538.8	514	42.8	1.7
13	劳保库			元	87 413.55	120 796.35		
	低值易耗			元	18 280.8	16 357	1 363.1	
	工具			元	152 699	122 861	10 238	
14	煤库	煤		吨	14 654	11 948	995.67	39.8
15	五金库	五金		元	66 377	44 510	3 709	148.4

企业的设备管理，主要是指生产和动力等机器设备的管理。董酒厂是一个从事酒类酿造的中小型企业，属劳动密集型，设备简单，机械化程度不

高。设备以三大类组成：酿造专用设备、动力及生产设备和检修设备。

酿造专用设备：1976年正式建厂时，有烤甑2个，煮粮甑2个，大窖24个，小窖24个，糖化箱6个，生产能力为年产120吨，实际生产董酒80～90吨，其他酒40吨。随着扩建工程，上述专用设备迅速增加，并按车间进行配套布置。

动力及生产设备：1977年8月，第一台生产用锅炉（WWG2-8型2吨/小时）正式投入使用，结束了烧煤烤酒的历史。用蒸气烤酒大大降低了能源消耗，减轻了工人劳动强度。

检修设备：设备增多，维修和保养任务日趋繁重，开始组建设备维修班组。一开始由三人组成，负责厂区水（水管、水泵）、电（电源、电器、电线线路）、器械的常规维修。随着生产规模发展，维修班也逐渐扩大。1983年，将锅炉、机修、电工等部门和工种统一集中起来，于4月正式成立设备动力车间。由周世国任车间主任，下设锅炉班、机修班（锅炉水软化处理）等。总人数33人，其中管理人员2人，机修工7人，电工5人。配备了车床、电焊机、氧气瓶及乙炔发生器等。1984年3月，组建设备动力科，由彭世昌任科长。1989年，由蔡大华任科长。

第三节　原料和包材

1988年前，董酒厂各类物资采购供应以供销科为主，劳资科负责劳保用品，行政科负责办公用品，设备科负责设备部分。1989年起，供应科负责主要原料、辅料、燃料、主要物资的采购，新组建包装物料科，负责包装物的采购供应。

物资需要量是以直接计算法和间接计算法测定的。直接计算法是根据年度产量计划和单位产品消耗定额计算。具体是：某种物资需要量=计划产量×单位产品物资消耗定额。也可用间接计算法，以历史上实际物资消耗水平为依据，考虑在计划中影响物资消耗变动的因素，利用一定比例，对上期实际消耗进行修正，确定物资需要量。

酿造董酒的主要原料是高粱，1978年前产量小，以本地产糯高粱为主，粳高粱为辅。

高粱主要指标表（1968年6月14日）

	糯高粱	粳高粱
淀粉	57.2%	66.34%
水分	14.5%	13.5%
酸度	0.15	0.15
糖分	0.46%	0.22%

随着生产量的增长，逐步从华北、东北采购供应，有红壳高粱，黑壳高粱、黄高粱、蛇眼高粱和白高粱。

▲高梁

▲东北高梁

东北高粱化学成分表

名称	水分	粗蛋白	粗脂肪	粗纤维	可溶性无氮化合物	灰分
黄高粱	13.15	9.88	4.02	1.76	69.22	1.92
黑高粱	13.07	9.78	4.20	1.67	69.25	2.03
红高粱	14.00	9.75	3.45	1.34	69.21	1.85
白高粱	11.76	10.43	4.37	1.53	69.99	1.92

1978～1983年东北杂交粳高粱抽检情况表

水分（％）	夹杂物（％）	淀粉（％）	千粒重量（克）
12%～13.5%	0.5%～1.0%	60%～64%	21～32

1984年后，产量增大。厂长陈锡初赴东北，与吉林省四平市相关政府部门协商，以补偿贸易方式建立粮食基地。从此，董酒酿造主要原料得到基本保障。采购高粱按吨酒三吨粮比例按产量逐年递增。其他物资按定额加消耗适当考虑周转存量进行采购。董酒酿造中使用大曲、小曲，制大曲原料是小麦，制小曲原料是大米，在大小曲中均加有中草药药材。大米、小麦和中药基本上由本地供给。主要辅料谷壳，也在本地采购。其他燃料、材料也一样。玻璃瓶主要由四川重庆红岩区北醅玻璃厂生产提供。普通商标委托遵义市人民印刷厂生产。出口董酒商标为上海市人民印刷厂负责。具体运费是：瓶子到厂每个加0.04元运杂费，塑料盖到厂每套加0.03元，防盗盖到厂每个加0.02元。以上包材的单价见表（下页）。

1988年后，产品包装装潢作了系列改进，形成容量系列、组合系列，包装物也相应随之改进。为适应日益增长的包装物需要，成立包装物料科，主管各类包装物印制及供应，其供应量按生产计划数加上消耗，适当考虑库存周转量取得。

主要包装物价格（1986年）

名称及规格	玻璃瓶 （元/个）	商标 （元/套）	纸箱 （元/个）	彩盒 （元/个）	塑料盖 （元/套）	防盗盖 （元/个）
董酒（1斤）	0.44	0.047	2.50		0.028	0.069
董酒（0.5斤）	0.26	0.038	1.41	1.30	0.025	
董酒（0.25斤）	0.165	0.028	0.99	1.30	0.023	
董酒（0.1斤）	0.15	0.026			0.02	
董醇（1斤）	0.70	0.19	2.32	0.85		0.069
董窖（1斤）	0.42	0.075	2.50			

▲董酒纸箱

第四节　生产过程中的质量管控

　　产品质量是一个生产企业科技和管理水平的综合反映，是提高经济效益的基础。产品质量做好了，企业的销售业绩不一定好；但产品质量做不好，企业肯定做不长久。质量不好营销好的产品总是昙花一现。对于企业来讲，所有的竞争因素都必须牢牢依附于产品，唯有产品，才是企业生存和发展的基础与根本。董酒厂始终重视与强化质量管理，不断提高全员的质量意识，持续努力改变重产量轻质量，重生产轻检验；重产成品分级，轻原料和生产过程中的半成品把关；重科研和产品开发，轻检验与质量；重表观效应，轻内质理化性能等等陈旧观念，一直不断地提高产品质量。

　　验收是把好产品质量的"哨兵"，是董酒一直在各种评酒会上名列前茅、深受海内外消费者喜欢的重要原因。酒厂通过对生产过程中各个环节和各道工序的质量检验，做到了不合格的原材料不投产；不合格的半成品不流入下道工序；不合格的产品不出厂。产品检验系统把质量检验信息及时报告和反馈上去，为企业研究解决产品质量问题提供依据，从而不断改进和提高产品质量，提高企业的经济效益和社会效益。

　　1957年董酒恢复生产后，先后在第二、三、四、五届全国评酒会上荣获国家金质奖章，四次蝉联"中国名酒"称号，其功劳在于以程明坤、陈锡初、贾翘彦等为代表的老一代董酒人脚踏实地、兢兢业业的付出；其秘密在于独一无二的药曲配方和酿造工艺；其保证在于董酒厂对产品质量的精益求精，特别是对于质量的逐级管控。董酒的质量把关，从新酒的质量验收便开始了。以1990年董酒厂《董酒新酒验收办法（试行）》为例，可窥一斑。

董酒新酒验收办法（试行）

　　为了进一步确保董酒新酒验收质量，做到对每缸入库新酒的质量心中有数，便于酒库管理及勾兑调味工作的进行，特对《董酒新酒验收办法（试行）》适当修改，制定本办法。

1. 董酒新酒级别按目前规定的AX、A、B、C、D、E六级不变。AX级酒为不合格品，A级酒为合格品。其中A级酒为基础酒，B、C、D、E级酒为勾兑调味酒。各车间分班组将新酒直接交到指定的酒库。对A级酒及其达不到A级质量的酒，定为十天交库一次。要求每500公斤转换酒缸装满后交库，未满一律不交，酒库也不予验收。对B级酒及B级以上等级的酒，每烤一桶，交一桶。酒库只验收入库酒的酒度、质量。

2. 对已验收入库的酒，酒库立即通知质检科对其质量组织验收。质量验收分理化指标及感观指标两部分进行。A级酒及达不到A级质量的酒，由厂中心化验室先做理化指标分析后，再由质检科做感观评定，确定其等级。B级酒及B级以上质量的酒，先由质检科做感官评定，再由厂中心化验室做理化指标检定，最后确定其等级。

3. 理化要求：按不同级别酒要求规定如下：

	酒度 （20℃ V/V）	总酸 （以醋酸计， 克/升）	固形物 （克/升）	总酯 （以醋酸乙酯计， 克/升）
AX级	59.5~61	≤4.5	≤0.4	含1.7~2.2
A级	59.5~61	≤4.5	≤0.4	≥2.2
B级	59.5~61	≤4.5	≤0.4	≥2.7
C级	59.5~61	≤4.5	≤0.4	≥3.5
D级	59.5~61	≤4.5	≤0.4	≥4.5
E级	59.5~61	≤4.5	≤0.4	≥6.0

总酯在1.7~2.2克/升之间（含1.7~2.2克/升）的新酒，感官要求合格，总酯可以参加A级酒平均，平均后达2.2克/升或2.2克/升以上的，可以做A级酒。总酯在1.4~1.7克/升之间的酒（含1.4克/升，不含1.7克/升），做AX级酒处理，总酯不能参加A级酒平均。总酯

＜1.4克/升，入库后不计工资，做劣酒处理。

卫生理化指标，按GB2757—81《蒸馏酒及配制酒卫生标准》规定执行。其中杂醇油指标按卫生部1986年10月14日批准下达≤0.2/100毫克执行。

注：①调味酒酒度可适当提高1～2度。②酒度低于58度（不含58度）不予验收入库。酒度低于59度（不含59度）做不合格酒入库。

4. 感观要求：感观评定标准按厂评酒委员会制定各级新酒实物标准执行。

董酒新酒如判定为某级酒，其总酸、总酯值取平均值后要达到该等级酒的规定值。同时，其感观评判也必须达到对应等级实物标样标准。

5. 酒库对已确定级别的新酒逐缸挂上卡片，及时填上理化分析及感观评定的结果。

▲董酒库

执行该办法的几条补充规定：

1. 执行本办法时。允许每批A级新酒总酸及总酯值，在同等级酒中取平均值。达不到该等级总酸及总酯要求的酒，做降等级处理。（B级及B级以上级别的酒允许在当月全部入库酒中取平均值）。

2. 厂中心化验室对新酒必须检定的项目是：酒度、总酸、总酯，其他项目定期抽查（半月或一月抽查一批）。

3. 对理化指标如有争议，以厂中心化验室再次取样分析数据为仲裁依据。

4. 本办法如与以往规定有不符合的，均按此办法执行。

本办法自一九九〇年十二月二十六日起执行。

总工办　工艺技术科

▲质检工作人员

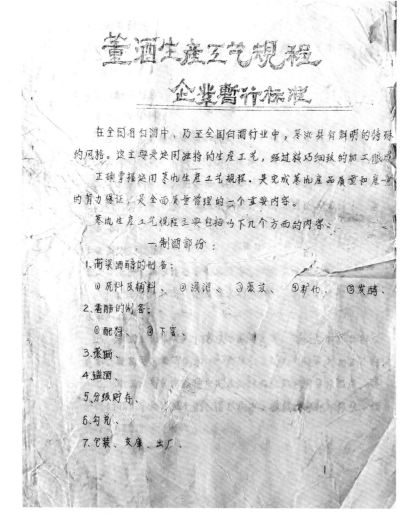

▲董酒生产工艺规程企业暂行标准

第五节　产品销售

　　董酒的销售工作原由供销科直接经办。1988年成立销售科，负责产品销售，科长张细莲，副科长牟家强。

　　1967～1987年，国内销售网点259处：北京33处，天津16处，上海3处。以郑州为中心，河南17处。以济南、青岛为中心，山东20处。东北三省48处。其他省市情况如下：四川12处，陕西13处，贵州41处，湖北6处，云南6处，广西13处，河北7处，湖南3处。此外山西、新疆、安徽、广东、江苏、福建、江西、海南等地数量不等。

　　1991年，经过调整，在原有销售网点基础上，又在全国各重点市场增设特约经销点80个，主要是名酒专卖部门（各地糖酒公司）。同时加强了西北部的销售市场开拓，如新疆、内蒙古、宁夏。在低度董酒销售上，重点放在沿海一带，如上海、福建、广东、海南。同时还成功地开拓了韩国、日本及中国香港地区的市场。

▲董酒受到消费者喜爱

遵义董酒厂历年产品销售情况表（含国家指令性、指导性计划）　　计量单位：吨

	董酒	窖酒	玉香液	杞圆酒	窖粮酒	遵义窖酒	董窖	董醇	杜仲酒
1957									
1958									
1959	7.50								
1960	6.38								
1961	3.56								
1962	0.82								
1963	13.89								
1964	78.46								
1965	38.93					30.30			
1966	48.63					60.00			
1967	52.35					19.00			
1968	57.67					69.95			
1969	63.24					96.40			
1970	56.83					41.50			
1971	57.97					43.74			
1972	53.45					39.60			
1973	56.33					60.00			
1974	60.54					35.77			
1975	63.23					38.80			
1976	61.37	16.40	8.21						
1977	88.18	3.24	63.73	0.46					1.24
1978	120.89		42.46			2.42			5.40
1979	254.40	0.55	52.05	0.36					2.19
1980	233.07	0.66	4.19	0.76	91.06				6.48
1981	219.00	0.03		0.01					
1982	200.67								
1983	340.00	0.05	0.12						
1984	406.34								

续表

	董酒	窖酒	玉香液	杞圆酒	窖粮酒	遵义窖酒	董窖	董醇	杜仲酒
1985	498.00						98.11		
1986	638.00						344.20	68.37	
1987	1 006.00						84.81	71.94	
1988	1 258.00						705.53	75.95	
1989	1 763.00						264.44	45.51	
1990	3 100.0						403.10	189.63	
1991	4 956.00						1 361.27	1 316.30	

销售价格：解放前以银元计算，1929年散酒市价每斤0.50元；1930年散酒市价每斤0.80元；1942年散酒作坊价每斤0.80元；1942年散酒市价每斤1.00元；1942年瓶装董酒作坊价每瓶（土陶瓶）1.20元。

解放后瓶装普通型董酒按人民币计算价格表　　　　（元/0.5千克）

批准文件号	执行日期	出厂价（元）	批发价（元）	零售价（元）
（50）遵市计价字09号	1959.2.4			1.6
（76）遵地计价字98号	1976.5.27		1.82	2.0
（78）黔人计价303号	1978.8.15	2.08		2.6
（81）黔价字122号	1981.11.15	4.21	4.73	5.2
（82）黔价字132号	1982.11.20	3.24	3.64	4.0
（86）黔价工字108号	1986.12.3	5.26	5.91	6.5
（87）黔价工字51号	1987.6.20	6.35	7.14	8.0
（88）遵地通知	1988.3.25	9.53	10.71	12.0
（88）遵地通知限价	1988.3.1			18.0
（88）国发44号轻价346	1988.7.28	19.20	20.20	22.6
（89）黔价密电8号	1989.3.14	15.80	17.80	20.0
	1989.4	14.30	16.07	18.0
厂长扩大会议优惠价	1989.8.17			12.87
（89）黔价电字17号	1989.9.5	9.48	10.71	12.0

备注：1市斤（500ml）玻璃瓶装董酒，元/每瓶。

第七章　董酒厂的产品

第一节　董酒质量标准

董酒贵在质量，特在风格。董酒优异的质量和独特的风格，经历了一个不断提高和完善的过程。

1957年试制成功后，1958年2月13日，对初次烤出的成品，共装瓶146瓶。送遵义市各机关76瓶，中央及省有关部门和领导70瓶。同时，随样寄发了董酒鉴定书，收回的鉴定书综合评价是："味香纯、无杂味、色清、浓度恰当、不打头（即不上头）、后味稍苦"。均提到了"后味稍苦"。样品呈送两个月后，接到国务院总理办公室批复："董酒色香味均佳，建议当地政府恢复发展。"当时大家对董酒风格概括为"酒液清亮透明，敞杯浓香扑鼻，入口甘美清爽，饮后打嗝回味香甜"。

1958年3月12日，对试制成功的董酒样品，由省委工交办公室送样到省工业综合研究所进行分析检验，结果是（原件号为有化字第691号）：

总酸	0.25g/100ml
总酯	0.17g/100ml
总醛	0.02g/100ml
甲醇	0.03g/100ml
乙醇	57cc/100ml
文字说明	1. 上列结果系就所送样品分析，因样品少，杂醇油没有分析。 2. 总酸稍高（一般为0.10g／100ml）。其余总酯、总醛、甲醇均合规定。 3. 颜色清明，唯瓶底有白色固形物沉淀，热天可能会少些。 4. 浓度高，异味少。
化验员	周芳烈、吴德灿

省轻工厅技术研究室检验结果：

总酸	0.48g/100mg
挥发酸	
总酯	0.3069g/100mg
杂醇油	0.0114g/100mg
甲醇	0.0255g/100mg

贵州省工业厅以〔58〕工厅轻物便字第13号下文通知：

遵义酒精厂：

你厂送来"董酒"样品，经厅质检室分析，结果为酒精度59.4度，总酸0.12g／100mg，挥发酸0.10g／100mg，总酯0.34g／100mg，总醛0.014g／100mg，固体物0.0088／100mg，铅0.03mg／100mg，以上情况看来，含铅量已超过国家规定二倍（国家规定为0.01mg／100mg）。为此，希你厂进行研究，特别是在发酵后使用的锡器设备应予注意，并在今后的生产中予以解决。

贵州省工业厅

一九五八年三月十二日

1959～1961年，因农业歉收原料紧张，董酒车间长期停工。后来恢复生产，因母糟年久未烤，已经酸败和霉烂，质量下降明显。1962年，加强了工艺、质量的管理。生产出的样品及时送省厅检验，发现总酸偏高到0.4～0.5。立即从大窖入手，补缺口裂缝，堵塞渗漏生水，很快降到0.3以下。同时减少辅料用量，使酒中糠醛含量得以控制和降低。还将铅桶、铁桶、酒提等改为瓦罐和纯锡制品，将铅量迅速降到国家规定标准以内。

1962年11月9日检验结果表

酒度	58～60度
总酸（以醋酸计）	＜0.4～0.3g／100mg
总酯（以醋酸乙酯计）	＜0.25g／100mg
杂醇油	＜0.35g／100mg
固形物	＜0.1g／100mg
甲醇	＜0.12g／100mg
铅含量	＜1mg／g
总醛（以乙醛计）	＜0.02g／100mg

1963年6月25日省轻工业厅研究所检验结果表

酒精含量（容量%t20°c）	59.90（％）
总酸（以醋酸计）	0.467（g/100mg）
总酯（以醋酸乙酯计）	0.300（g/100mg）
总醛（以乙酸计）	0.0104（g/100mg）
杂醇油（以戊酸计）	0.12（g/100mg）
甲醇	0.04（g/100mg）
铅	0.60（mg/g）
固形物	0.002（g/100mg）

1963年，董酒评为国家名酒，国家轻工部于1965年10月颁发董酒部标准（草案），要求试行一年，1966年开始实施。有关董酒质量指标详见下表。

感官指标表

指标名称	要求
色	无色、清亮、透明
香	香浓、具有本名酒固有香味
味	醇和、酸甜适口

理化指标表

指标名称	单位	要求
酒精度（20℃）	r%	58~60
总酸（以乙酸计）	g/100mg	<0.450
总酯（以乙酸乙酯计）	g/100mg	>0.250
总醛（以乙醛计）	g/100mg	<0.020
杂醇油（以异戊醇计）	g/100mg	<0.250
甲醇	g/100mg	<0.060
糖糠	g/100mg	<0.005
固形物	g/100mg	<0.100
铅	P. P. M	<1.000

说明中注明：总酸一项与其他名酒相比较有些偏高，但董酒自开办以来，分析指标均在0.3～0.45之间，通过品尝和化验证明，酸度高的甜味较好，为了保持其固有风味，在目前条件下，尚不能降低，故订为0.445g／mg。

1964年6月6日，遵义酒精厂以〔64〕生技字第0.27号文报省轻工厅呈报董酒标准和评酒委员名单。

一、董酒质量标准

感官指标表

指标名称	要求
色	无色透明，无混浊
香	香味浓郁
味	入口味醇、酸度适合、后味回甜、无怪味、饮后打嗝回味尤香。

理化指标表

酒精含量	60%（V）t≈20°C
总酸（以醋酸计）	0.3g／100mg
总酯（以醋酸乙酯计）	0.26g／100mg

续表

酒精含量	60%（V）t≈20° C
总醛（以乙醛计）	0.02g／100mg
杂醇油（以异戊醇计）	0.3g／100mg
甲醇	0.12g/100mg
铅含量	1 mg/100mg

二、评酒委员

7人组成，苏联杰任主任。

评酒委员会信息表

姓名	性别	年龄	个人成份	家庭出身	职务
苏联杰	男	34	军人	贫农	支部书记
王淑苓	女	27	学生	地主	技术员（团员）
陈炳林	男	40	工人	贫农	工人（三级）
刘福海	男	37	工人	贫农	工人（六级、党员）
高崇恩	男	46	雇工	贫农	工人（五级）
文树清	男	52	工人	贫农	工人（四级）
张炳全	男	43	工人	贫农	工人（四级）

1964年6月6日，在鉴定库存酒质量后，将结果以〔64〕生技字第026号文报省轻工业厅。具体是：

一级：67罐20 235斤。色清透明，醇香浓，味回甜，适口、无怪味。勾兑后全部符合出厂和上调要求。与二级品勾兑（比例为1：4）＞20吨可供调用。本级留存一级品5吨贮存。

二级：137坛46 846斤。色清透明，醇香回甜，稍有暴辣，后味稍苦。与一级品勾兑全部符合出厂及上调标准。2级品与3级品勾兑（比例为1：1，＞10吨）。供遵义市及本属区销售并使用原有商标。勾兑后，二级品剩余3.42吨，三级品剩余2.3吨继续贮存。

三级：49坛，14 601斤。色清透明，醇香，回甜味道稍差，有苦味及辛辣味，与二级勾兑后可在遵义市及本专区销售。

等外品：质量不合标准，2罐646斤。重新翻烤。

1966年1月18日在董酒差距对比及赶超规划中提到：计划1966年董酒质量合格率达到50％，比1965年12月份提高14.1％。

自1966年到1975年止，董酒质量始终保持在55％～60％。其余35％～40％列为"遵义窖酒"出售。

1976年成立董酒厂后，对提升产品质量主要抓了以下几个方面：

一是成立专门机构。1976年组建化验室，配备人员，增设仪器。1978年，正式开展半成品常规分析，1979年开始监测半成品、成品。上述工作积累了大量数据，为制定半成品、成品质量标准，摸索产品质量规律等，提供了有力支撑。化验室后扩建为中心化验室。建立专门机构。

1979年，又成立了质量检验科，职责是负责感官鉴定、设置产品实物标准样品、加强与全国评酒委员的联络并定期寄发样品酒等项工作，同时逐步开展到对新酒感官品尝、定级、验收入库、库存酒的再分级及勾兑质量的把关。

二是强化全过程控制。在制作大窖香醅、蒸馏、勾酒、包装等各个工序上，指定一批老酒师负责把关。通过对生产全过程、全要素的检测和把关，适时对生产质量进行监控，随时掌握生产过程，并及

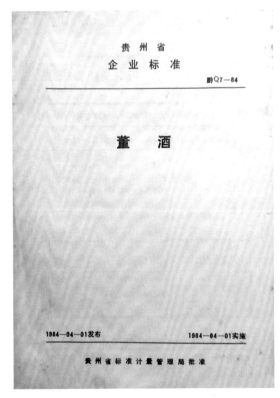

▲董酒企业标准

时反馈、调整。不再像原来那样只对成品进行检测。

三是提高全员质量意识。1979年，厂长陈锡初在质量协调会上强调"董酒质量是董酒厂的命根子"，要求全厂职工有清醒的质量意识。1983年，派人参加全省全面质量管理师资培训，回厂后利用锅炉维修全厂停产的三天时间，对全厂职工以会代训，进行企业质量专项整顿。

1986年，陈厂长又提出"知我董酒、爱我董酒"的倡议，并明确党委副书记、副厂长王荣刚负责研讨"企业精神"。通过在《董酒报》开设专栏、政治思想工作研讨会等形式，组织专题讨论，最后经职工代表大会通过，确立董酒厂企业精神为"以质为本求生存，以人为本求发展"，进一步提升了全厂员工的质量意识。

四是注重标准建设。在1983年专项整顿的基础上，1986年成立全面质量管理办公室。主要工作是制定企业标准、完善标准体系，增强职工质量意识，开展群众性质量管理，普及质量教育。制定完善了"管理标准""技术标准""工作标准"三大体系，职工质量普及教育始终保持在80%以上，在班组成立质量管理小组18个，先后有11个课题获市、省、部及国家级质量管理成果奖，1987年国家二级计量验收合格，计量网络形成，计量器具、仪表装配使用率在90%以上。至1990年，成品

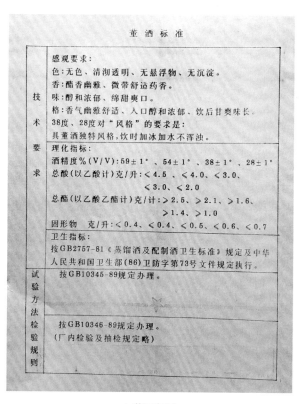

▲董酒标准

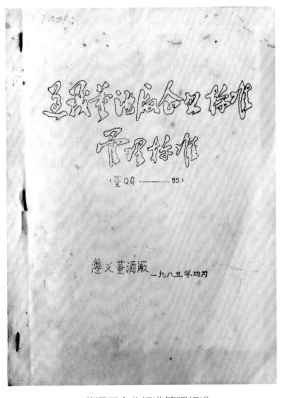

▲董酒厂企业标准管理标准

合格率一直保持在100％，新酒入库优质品率为总量的84％，所余16％返入再加工。

五是加强质量认证。董酒1963年跻身于国家八大名酒行列后，随着消费结构及市场变化，先后又生产出54度、41度、38度、28度系列产品，产品标准制定后，报经国家技术监督部门认可，全部获国家名酒称号。

六是适时进行质量保险。董酒向中国人民保险公司投质量保险，并在包装的商标后面印有保险印章，凡质量问题，可向保险公司索赔，体现董酒质量的稳定性。

七是打击假冒伪劣。打击假冒董酒工作从1986年就开始了，从1986年～1990年5年间，为维护企业形象及产品声誉，酒厂提供商标标样给各地工商、检查部门达460套，接待来访人员280人次，鉴别商标249套次，鉴别酒质189瓶，处理来访信函280起，派出人员到各地参与大、要案鉴别等58次达140人次，协助公安、检察、工商、法院破获大案、要案85起。

八是妥善处理质量事故。例如1982年调北京的董酒，发现混浊沉淀有小黑点（渣）。接到〔82〕黔糖酒字第128号文《关于请派员前往北京市检查董酒质量，处理董酒问题》的函后，经与遵义地区糖业烟酒公司商定，共同派人赴京处理。酒厂派出杨国均、杨仁厚，地区糖业烟酒公司派出肖石林共三人，于1982年9月28日赴京实查处理。这批酒共2020瓶，抽样98瓶，均为

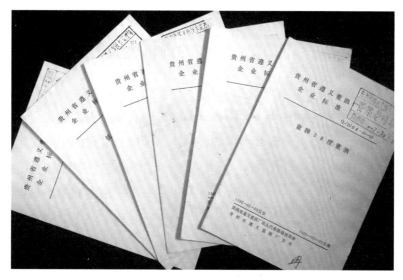

▲董酒厂企业标准

普通玻璃丝扣瓶，有"红城"商标，"董"字商标（正处于商标更期），包装出厂时间1981年9月8日—1981年10月18日，酒中普遍出现微形小黑点（细渣），少量有不明显沉淀。处理：①道歉；②全部发回酒厂调换，损失由酒厂负责；③增加调拨2吨。厂内改进措施：①用石英砂过滤冲瓶用水；②加强专检责任，作好原始记录；③包装车间停产三天，进行整顿；④对已调出进入火车南站准备发出的待运产品和已进厂内库房产品，全部进行复查。

　　事故处理后，厂向主管局、地市经委、地区行署等上级部门和有关领导呈报了处理经过和检查以及改进措施的专题报告。

第二节　董酒的商标变迁

解放前董酒为程明坤先生自有作坊所酿，是有名无标的地方名产。主要是以散酒的形式在遵义城内各饭庄等处销售，少部分装入陶土瓶，用洗净风干的猪小肠剪块蒙口，再拿细麻线捆扎密封，由商旅路人购买带走。

▲第一代湘江牌董酒标（1958—1966）

董酒的第一代商标，俗称"湘江"商标。董酒1957年恢复生产，1958年试酿成功并投放市场。当时以湘江大桥为主要图案注册了商标，俗称"湘江"。商标为椭圆形，用蓝色线条绘制。主体是遵义湘江上的新华桥，桥下是湘江，桥的左侧是房屋、山，右侧为竹林一角。图案左右用红字列出"湘江商标"四个字，比较突出。整个酒标为长方形，白色商品名"董酒"两个字外缘套棕色，立体感明显，居于酒标红色扁椭圆形正中，十分醒目。扁椭圆形由棕色线条勾勒，与整个长方形酒标外缘的线条同色，形成呼应，协调自然。扁椭圆形与整个长方形酒标外缘两者间以蓝色填充，四角分别盘踞一条以靛蓝线条勾勒强调龙身的白龙。商标位于酒标的上沿中部，下沿中部是"地方国营遵义酒精厂出品"字样。当时群众对商标、酒标的认识比较笼统模糊，将商标、酒标混为一谈，民间曾把"湘江牌"董酒称为"金龙牌"，就是因为酒标四角各有一条龙的缘故。但实际上酒标上的龙为白色，称"玉龙"更合适。但传说中"龙皆金黄"，故群众习惯称之为"金龙"。

关于金龙，曾有一个有趣的传说，说董酒是上天赐给人间的美酒，玉帝派出了一条龙来镇守。但镇守的龙因挡不住董酒的诱惑，私自饮酒至醉而失职。天庭大怒于是加派至四条龙，按东南西北四个方位分别镇守，以保万无一失。这一传说自然是源自人们对董酒的喜爱而将其神化、美化。

董酒厂的第二代商标俗称"红城"。1967年"文革"开始后，在"破四旧"的风潮中，"龙"这一象征封建皇权的形象，被批判和排斥，"湘江"商标也因之而被弃用。"红城"商标的主体其图案是一支熊熊燃烧的火炬。火炬把手金黄，形似"两横一竖"。两横在上一竖在下。两横上长下短，自然均衡。把手上是火苗，饱满厚实，呈大红色。火苗左右标注"红城"两字，字体为美术隶书，厚重朴实。从火炬把手底部引出一个绿色圆环，圆环内缘平滑，外缘等距有数个离心小短线，象征火炬

▲第二代红城牌董酒标（1966—1967）

光芒。"注册商标"四字分别列在火炬图案两侧，横排黑色字体。酒标为纵向长方形，商标设置在上中部。酒标中间为红色行书"董酒"二字，以金黄色镶边，其下是黑色美术汉语拼音。拼音下为黄色欣欣向荣的工厂剪影，烟囱飘烟均向左，寓意宁左勿右将革命进行到底。再下酒标的最底部是贯穿左右的红色长条，上用白色字体分两行标有"贵州省遵义酿酒厂出品"。整个酒标从上到下从淡蓝过渡到粉红最后到朱红色，自然协调，时代气息浓厚。

董酒的第三代商标为"金鼎"商标，也称为"董公寺"商标。"红城"商标使用后，有领导认为其用在一个白酒这样的消费品上面，有损于名城气度。于是约在1967年，另外设计、注册和使用"董公寺"商标。该商标风格传统典雅，整体为错开45度叠置的两个正方形。主体由"董公寺"三字的篆字组成，红色印章样，构成第一个水平放置的正方形。在其外，以第一个正

▲第三代董公寺牌董酒标（1967—1976）

▲第四代红城牌董酒标（1976—1981）

方形的边长为底长，用黑色双线条组成回纹等腰三角形。四边均放置一个，一起构成第二个斜正方形。"注册商标"四个黑字在图案左右横向排列。这一商标设计感强，但使用这一商标的酒标却稍显粗糙。商标位于酒标的中上部，酒标的上缘是黑黄两色规则的雷云纹，间以黑黄色线条。竖向长方形酒标中部，白色行书"董酒"两字以黑色线条勾勒，阴影用黄色，立体感明显。"董酒"两字的拼音，用白色的黑体字标注其下。"董酒"两字和拼音均衬以红色透视几何构图，象征董酒的前途无限光明。下面黄色宽幅中，贵州省遵义酒精厂出品这几个字和拼音用美术黑字标注，同样分成两行。其下以一细黄线贯通全标左右。但酒标上部黑色明显多过下部，整体重心偏上，感觉上重下轻，协调、平稳有所欠缺。这一酒标共有三处为醒目黄色：上边曲线、中间酒名和宽幅下底为黄色，群众称之为"三黄牌"。

董酒的第四代商标仍然是红城。1976年"文革"结束，董酒车间脱离酒精厂单独建厂，恢复使用"红城"牌商标。为了和1967年前的"红城"相区别，将环绕"火炬"的圆环从

原来的绿色改为红黑等其他颜色，同时
"董酒"二字的镶边以及工厂图案也均
由黄色改为褐色等其他颜色。工艺也从
套色印刷改为烫银凸版。

　　董酒的第五代商标是"董"字商
标，1980年前后开始使用。改革开放
后，社会风气日新，人民开始大胆地追
求美。这一时代思潮也体现在商品的包
装上。董酒厂顺应时代要求，重新设
计、注册了新的商标。其中内销主要是
"董"字，外销是使用贵州省粮油进出
口公司授权使用的"飞天"商标。

▲第五代董牌董酒标

　　"董"字商标是俗称，先后有两
个。一个是1980年左右短暂使用过的
"印章董"，另外一个是1990年开始使
用达十余年的"百草董"。

　　"印章董"别出心裁，整体风格
类似第三代"金鼎"（董公寺）商标。
商标正中红色的"董"字，颇似一枚
"董"字印章直接盖出。红色印章之
外，每边均辅以一横线及一箭头。其外
再以黑色方框围合，与红色印章呈45
度相错。"注册商标"四字为黑色，在
图案稍上左右排列。商标除印章样红色
"董"字外，其余均为黑色。用色简洁
干脆，十分醒目。使用这一商标的酒标
呈竖置长方形。商标位于在整个酒标上
部偏右。在酒标最中白底上烫金草书

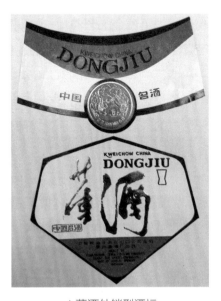

▲董酒外销型酒标

"董酒"二字，苍劲挺拔。"董"字略小，"酒"字较大。凸版烫金，立体感强。"董"字下部用红色印章样标注"中国名酒"四字。其下为宽幅红色为底。在红底右上角用齿轮装饰"优"字，均烫金。红底底部从中到左用黑色注有"贵州省遵义董酒厂出品"。再下底边为黑宽边，内用白色汉语拼音拼出"董酒"二字。全标以黑色框边。

除了长方形大标外，还有颈标。颈标中部为圆环，在环内烫金底上突出一枚红色方形图章样"董"字，左右黑字横排"中国名酒"四个小字。上沿边幅为红色，用黑色汉语拼音注有"贵州董酒"。全部颈标均用黑线框上下边。

这一套酒标为两件一套组合。但在实际生产中，因为颈标内容均在大标中有所体现且增加了贴标工序，故颈标仅使用了一个月，其后单独用大标。这一酒标实际使用后，消费者反映镶黑边不吉祥，故前后使用一年左右便停止。

为出口需要，1978年还设计了"飞天"注册商标的董酒酒标三件一套：即颈标、大标和吊牌。

颈标围住全部瓶颈，上下均用黑色线条修饰。正中下部有一圆形，在褐色底上用烫金工艺勾勒"飞天仙女献酒"图案。图案左右横排列"中国名酒"黑色字样。圆形正上的红底上用黑色字体标注英、汉"董酒"。

大标为黑线围边的六角不对称菱形。右上角用黑色标明英、汉"董酒"字样，汉语拼音显著比英文大，位于英文下。在汉语拼音下，为两个等腰梯形组成的一酒杯图案，示意"液体"。大标主体中部和同时期的内销版本设计类似，是苍劲挺拔的草书"董酒"二字，在白色底上烫金凸出，字体一小一大。右下方为红色"中国名酒"长方形印章件。酒标最下三角形为红色底，其中用黑色字标明"中国粮油食品进出口公司监制""贵州董酒厂出品"汉字和英文。颈标、腹标均为白色底。

吊牌为长方形，纸质。以彩色丝线系挂在瓶颈上。正面是银白色，左半部是烫银凸版印刷的"飞天仙女献酒"图案，右半部红色凸版印刷的"董酒"二字，上沿是黑色汉语拼音"董酒"。吊牌反面，上半部用汉字标明

"董酒是中国八大名酒（白）之一，采用优质高粱及小麦为原料，精工酿制而成。酒质品莹透亮、醇香浓郁、清爽适口，回甜味长、独具一格"。下半部以英文相应标明同上内容。

▲董酒外销型酒标吊牌

整个出口版酒标设计大气，印刷精美，一直使用到1990年。

1982年，根据市场反映，董酒厂决定对外销董酒酒标更换颜色，使用"董"字商标，用到内销酒上。具体是取消吊牌，大标中将外销酒酒标的红色部分改为天蓝色，右上角的中英文董酒仅保留汉语拼音，并加上"GUIZHOU"拼音，"酒杯"改为齿轮装饰的"优"字并烫金。下部的落款也相应去掉"中国粮油食品进出口公司监制"及对应英文。颈标的飞天处改为"董"字，以颈标、腹标二件为一套。

▲用外销型酒标改的蓝色董酒标（短暂使用）

1983年8月13日启用的半斤和二两五钱包装的董酒，仍以此标为基础缩小制成，不过天蓝色部分改为橘红色。前者使用时间约两年，被大家昵称为"蓝董"，其后的被称为"白董"。

1978年董酒出口时同时启用的异形瓶，突破传统"手榴弹"形普通玻璃瓶的束缚，为适应"国家名酒"这一身份而设计的异型瓶。这种瓶以精白料制成，瓶颈较长，瓶身为倒置漏斗形，瓶底为八角形。整个瓶身稳重大方，配上酒标后，以一层透明的玻璃纸紧紧披裹，从颈部开始以自然的、有力的折纹向顶上聚合，在顶上形成一朵盘旋花，犹如把倒挂而张开的水晶伞，晶莹无比。瓶内的董酒经折光更显得纯净无瑕，整个包装新颖、挺拔高雅、富丽庄重，各个部分有机地结合成一个和谐的整体、既不失民族特色，又具有现代色彩，在酒类包装装潢中可算是别开生面，独具一格，在全国轻工产品装潢展览会上获优秀包装奖，其后在全国出口商品包装装潢展览会上获一等奖。1983年8月评为贵州省优秀包装产品。

这一时代酒标中苍劲挺拔的草书"董酒"二字，据周道廉同志回忆，是在考虑董酒包装装潢时，由中国包装进出口公司贵州省分公司装潢设计科科长马熊同志与该公司副经理郑药如同志根据郭沫若的字体套写设计而来。

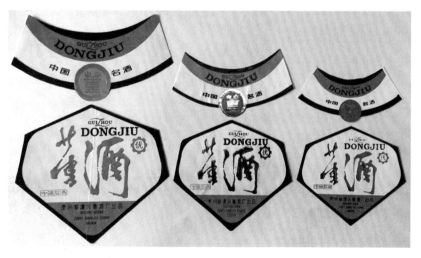

▲第六代董牌董酒标（1980年代使用）

随着改革开放进程加快，消费者对产品的包装装潢有了更高要求。为了提升董酒整体形象，适应市场需求，1989年2月，由副厂长、党委副书记王荣刚具体负责董酒包装装潢的全面更新工作。1989年3月9日，开始在有关报刊上刊登董酒包装装潢征稿启事，其中在《中国包装报》刊登2次，《美术》杂志1次，《中国美术报》2次。4月初即开始有人投稿，到7月10日截稿，共收到投稿作品近300件。7月12日，由董酒厂聘请的评选委员会开始评稿。评选委员会组长由中国包装装潢艺术委员会秘书长李家兴担任。委员6人，分别是中国包装装潢总公司副总经理贺懋华、中央工艺美术学院包装装潢系高中羽教授、贵州省外贸包装装潢公司经理马熊、贵州旅游摄影艺术公司经理金德明、贵州省美术出版社社长马荣华和遵义董酒厂宣传科副科长王怀义。经过三天的认真评选，最终获奖产品设计方案为：湖北沙市彩印厂李晓白、孙长炯设计的3件豪华型瓷瓶董酒、中央工艺美术学院89届应届毕业生陆岩、王明生设计的精白料方瓶600mL单彩盒董酒、中央工艺美术学院89届应届毕

业生陆岩、王明生设计低度董酒。7月16日，市委书记徐安仁、经委主任洪礼章、副主任王应权、轻工局局长王明和董酒厂党委书记、厂长陈锡初等参加了评选揭晓仪式。陈锡初作了感谢发言，并为获奖者颁发证书和纪念品。此次选用作品，还是不能完全满足当时董酒包装装潢系列化的需要。后由董酒厂特约马熊进行设计，采用了单彩董酒标（如图），基本实现了董酒包装装潢的全面更新。

▲第七代董牌董酒标（1990年代使用）

第三节 董酒产量与价格统计

一、产量

董酒车间时期，生产计划由遵义酒精厂下达，车间组织实施。分开独立后，最开始是厂部下达计划，各班组实施。随着酒厂发展壮大，先后成立了生产计划科、总调度室、统计科等，对生产实施计划等。1985年前，生产计划的安排由厂长直接管理并亲自测算。1986年后，由厂长安排，计划人员进行测算。1988年后，基本上由总调度室提出生产安排意见，统计科进行测算，报经厂长审定，职代会通过，由总调度室组织实施。

1976～1982年，以班组为生产管理单位，1983年先后组建的车间及生产能力如下表。

1983年先后组建的车间及生产能力明细表

车间名称	投产时间（年月）	生产能力（吨）	班组数（个）	大窖（个）	小窖（个）	1991年产量（吨）
酿酒一车间	1983	500	7	152	56	936
酿酒二车间	1985.9	600	8	185	64	1 170
酿酒三车间	1986.10	500	6	124	96	926
酿酒四车间	1988.4	500	6	124	96	926
酿酒五车间	1988.4	500	6	124	96	926
酿酒六车间	1986.10	500	6	124	96	926
包装一车间	1976	500				890
包装二车间	1986.9	7 500	3			4 100
包装三车间	1989.1	2 000	3			2 200
制曲一车间	1976		2			142
制曲二车间	1987.8	1 500	4			1 642
电车车间	1983					
锅炉车间	1983					

续表

车间名称	投产时间（年月）	生产能力（吨）	班组数（个）	大窖（个）	小窖（个）	1991年产量（吨）
酒库一	1979	500				
酒库二	1985.9	600				
酒库三	1987.1.	2 000				

董酒历年产量表（吨）

年份	产量（吨）	年份	产量（吨）
1958	7.73	1975	80.39
1959	7.73	1976	90.49
1960	4.67	1977	141.20
1961	0.90	1978	200.29
1962	23.08	1979	260.37
1963	89.13	1980	254.60
1964	46.83	1981	225.49
1965	52.59	1982	421.88
1966	80.56	1983	520.07
1967	82.87	1984	535.27
1968	84.87	1985	726.21
1969	83.99	1986	1 066.84
1970	81.35	1987	1 417.83
1971	83.47	1988	2 830.33
1972	77.53	1989	3 036.30
1973	81.57	1990	4 221
1974	81.11	1991	4 251

二、价格

解放前以银元计算。1929年，散酒市价每斤0.50元；1930～1942年，散酒每斤0.80元；1942年散酒市价每斤1.00元；1942年瓶装董作坊价每瓶（土陶瓶）1.20元。

解放后至1992年前历年瓶装普通型董酒按人民币计算价格（元/0.5千克）如下表：

批准文件号	执行日期	出厂价（元）	批发价（元）	零售价（元）
（50）遵市计价字09号	1959.2.4			1.6
（76）遵地计价字98号	1976.5.27		1.82	2.0
（78）黔人计价303号	1978.8.15	2.08		2.6
（81）黔价字122号	1981.11.15	4.21	4.73	5.2
（82）黔价字132号	1982.11.20	3.24	3.64	4.0
（86）黔价工字108号	1986.12.3	5.26	5.91	6.5
（87）黔价工字51号	1987.6.20	6.35	7.14	8.0
（88）遵地通知	1988.3.25	9.53	10.71	12.0
（88）遵地通知限价	1988.3.1			18.0
（88）国发44号轻价346	1988.7.28	19.20	20.20	22.6
（89）黔价密电8号	1989.3.14	15.80	17.80	20.0
	1989.4	14.30	16.07	18.0
厂长扩大会议优惠价	1989.8.17			12.87
（89）黔价电字17号	1989.9.5	9.48	10.71	12.0

1992年董酒厂产品价格表（元）

品名及型号	单位	出厂价	调拨价	批发价	零售价
500ml 1×12董酒	元/瓶	9.48	10.18	10.71	12.00
500ml 1×12单彩董酒	元/盒	10.68	11.32	11.91	13.20
500ml 1×6瓷瓶董酒	元/盒	32.21	34.59	35.27	39.50
500ml 1×12扇形单彩董酒	元/盒	14.22	15.27	16.07	18.00
500ml 1×12低度董酒（B型）	元/盒	9.48	10.18	10.71	12.00
500ml 1×12低度董酒	元/盒	6.32	6.79	7.14	8.00
250ml 1×20董酒	元/瓶	5.21	5.60	5.89	6.60
250ml 1×20单彩董酒	元/盒	6.11	6.46	6.79	7.50
250ml 盒装董酒	元/盒	15.24	16.36	17.22	19.29

续表

品名及型号	单位	出厂价	调拨价	批发价	零售价
250ml 1×2×10盒装董酒（A型）	元/盒	15.26		17.23	19.29
125ml 1×20董酒	元/瓶	2.74	2.95	3.10	3.47
125ml 1×20单彩董酒	元/盒	3.44	3.61	3.80	4.17
125ml 盒装董酒	元/盒	16.17	17.36	18.27	20.46
125ml 1×2×12盒装董酒（A型）	元/盒	8.30		9.38	10.50
50ml 1×5×8盒装董酒（A型）	元/盒	8.70		9.82	11.00
50ml 1×2×24盒装董酒（B型）	元/盒	4.35		4.90	5.50
50ml 1×4盒装董酒	元/盒	14.22	15.27	16.07	18.00
500ml 1×20董窖	元/盒	3.88	4.142	4.36	4.80
500ml 1×20玻璃瓶娄山春	元/瓶	4.35	4.645	4.89	5.38
250ml 1×20玻璃瓶娄山春	元/瓶	2.30	2.457	2.59	2.85
125ml 1×20玻璃瓶娄山春	元/瓶	1.40	1.496	1.58	1.74
750ml 1×12低度娄山春	元/瓶	4.688	5.01	5.20	5.82
500ml 1×20董牌窖白	元/瓶	1.96	2.08	2.19	2.45
500ml 1×20四季顺	元/瓶	1.46	1.57	1.65	1.85

第四节 董酒厂的系列产品

董酒厂的主要产品是国家名酒——董酒。从1957年开始恢复生产至1978年，企业年年亏损。生产越多，亏损越大，负担越重。亏损的主要原因是：按传统工艺生产成本高，特别是药方中不少贵重品种，价值不菲。同时售价低，税收高。按当时价格计，每生产一吨董酒，亏损达700余元。

1976年前，董酒厂还是遵义酒精厂的一个车间，亏损由酒精厂从其他盈利中冲亏，不足部份由财政弥补。董酒厂与酒精厂分开独立建厂后，自负盈亏。只有尽快扭亏为盈，才能使企业生存发展。那时候企业产品的价格是由物价部门审定，改变董酒的定价比较困难。所以在这种状况下，除了改"二次串香法"为"一次串香法"节约成本外，董酒厂还充分开发新产品，以副（产品）养主（主导产品），弥补亏损。在这一思路下，董酒厂开源节流、物尽其用，充分发掘自身潜力，大力开发新的品种。其系列产品除原来的遵义窖酒外，短时间内增加了玉香液、杜仲酒、杞圆酒、窖粱酒、董窖、董醇，等等。

一、遵义窖酒

董酒厂单独建厂前，将达不到董酒标准的基酒，经勾调后灌装为遵义窖酒。定价低于董酒，在省内销售，颇受群众欢迎。

1963年董酒厂被评为中国名酒后，收归轻工业厅管理，改名为贵州遵义酿酒厂。商标由"金鼎"改为"红城"。1976年，董酒车间脱离遵义酒精厂单独建厂，遵义窖酒由酒精厂继续生产。酒精厂在其基础上，先后开发出遵义大曲、遵义白酒等系列产品。现存世量不多。

二、玉香液

玉香液酒是以玉米为主要原料酿制基酒。再借鉴董酒生产工艺，采取玉

▲遵义窖酒标　　　　　　　　　　　　　▲玉香液酒标

米基酒串蒸董酒香醅而成，储存后勾调，成品55度。因以玉米酿造基酒串蒸董酒香醅，故名玉香液。

　　1976年8月中旬，陈锡初厂长提出试制"玉香液"。抽调具有丰富生产经验的老工人夏雨林、李绍斌带领几名刚进厂的学工，组成"玉香液"试验班，夏雨林任班长。试验班因地制宜，土法上马，修建烤酒灶一座，糖化箱2个。砖柱木架油毛毡烤酒房一间，平整生产场地50平方米。厂里仅投资修建生产必需的配套7个小窖池。至9月，试制玉香液的生产准备基本完成。9月下旬，派出夏雨林、李绍斌等人到绥阳县酒厂观摩学习用玉米酿造白酒的生产技术和工艺。在兄弟酒厂的大力支持下，很快掌握了酿造玉米酒的生产特点和规律，以及使用根霉曲糖化、发酵的方法。

　　1976年10月初，开始试制玉香液。中旬，第一批玉香液酒试制成功。经鉴定：酒液清澈透明，入口醇和，香气浓郁，无包谷酒味，具有一定的董酒风格特色。完全达到试制要求，试制成功。同月下旬，开始批量生产玉香液酒。在没有增加人员的情况下，从试制期每天烤一酢增至烤两酢。每酢投料150公斤，产酒63公斤，日产量126公斤，增加1倍。1977年10月，为进一步提高玉香液产量，将每酢投料150公斤增加到400公斤，达到每酢平均产酒168公斤。

1976年10月25日，遵义地区计委对"遵义董酒厂关于新产品玉香液厂销价的报告"作出批复：同意遵义董酒厂试制的新产品55度玉香液。出厂价为：散装每吨2440元，瓶装每吨3340元，即1斤装每瓶1.67元。在遵义市销售为0.5公斤装，每瓶批发价1.92元，零售价2.10元。该批复下达后，玉香液开始投放市场，产品主要销售国内及省内。至1978年共销售114.4吨。1979年12月，董酒年产300吨扩建工程破土动工，修建新烤酒车间拆除了玉香液生产场地。从此，玉香液专灶便停止了生产，改由其他灶兼作，至1981年全部停止生产。

从1976年10月至1981年，共生产55度玉香液269吨。存世量极为稀少。

三、杜仲酒、杞圆酒

1977年3月，继"玉香液"酒试制成功后，董酒厂开发试制具有一定保健功效的新产品——杜仲酒、杞圆酒。

这两个酒都是露酒：杜仲酒是采用杜仲（生、熟两料）、寄生、当归、枸杞等名贵中药材，在58度高粱酒内浸泡，加入适量的冰糖和白糖调整甜度，经过勾兑、贮存、降度及过滤处理而得的36度配制酒。杞圆酒是以枸杞、桂圆等名贵中药材，在58度高粱酒内浸泡，加入适量的冰糖和白糖调整甜度及过滤而得的30度的配制酒。

这两个品种的试制，由技术员刘旋龙负责。试制前，由省轻工业厅协调，刘旋龙带领三名女学工到贵阳花溪酒厂和安顺酒厂参观学习刺梨酒、杜仲酒的生产，获得了第一手资料，理清了所需药材配方比例和试制工艺的思路。

1977年5月，制定出这两个品种每吨酒的药材配方及工艺。杜仲酒每吨酒所需药材为：杜仲33kg、寄生38kg、当归50kg、枸杞34kg、高粱酒800kg、冰糖50kg、白糖50kg。杞圆酒为：枸杞35kg、桂圆60kg、高粱酒612kg、冰糖50kg、白糖50kg。

配制酒生产工艺：精选药材→洗净→高粱酒浸泡→加糖→降度勾兑→品尝→存放→过滤→包装→检验出厂。

▲杜仲酒标　　　　　　　▲杜仲　　　　　　　　▲杞圆酒标

确定好配方、工艺及购置好所需药材后，立即投入配制酒的试制。当时过滤设备采购、运输和调试不能一步到位，试制人员自力更生、土法上马。在药材浸泡后，自己动手，利用报废的高压杀菌器改制成过滤筒，用木板制作过滤环，把医用纱布缝制成过滤袋，制成了一个简易滤器，解决了初步过滤的问题。在勾兑阶段，为了使产品在色、香、味、格（风格）四个方面取得预期效果，使用了"优选法"和"正交试验"。经过努力，配制酒生产工艺不断完善并于当年试制成功。1977年生产杜仲酒、杞圆酒为1.3吨，1978年为5.4吨，1979年为2.3吨。在1978年春节起陆续投放市场。

杜仲酒、杞圆酒具有酒液色泽艳丽，入口醇和甘甜、香味清雅，饮后提神醒脑，具一定保健功能。杜仲能降低血压，适于高血压患者经常饮用。杞圆酒有开胃健脾的功效，市场反映颇好。

但由于生产经验不足，过滤设备较差，全厂资金周转困难，成品贮存期相应较短，产品（配制酒）装瓶后还有部分沉淀物，加之对产品的宣传介绍不够，核定价格略偏高，其中杜仲酒0.5公斤一瓶的价格为2.63元，杞圆酒一瓶为2.4元，产品滞销。1980年下半年，停止了杜仲酒、杞圆酒的生产。

四、窖粱酒、董窖

窖粱酒是以白酒或食用酒精做为底锅水，串蒸中长期（10个月以上）发酵的香醅取基酒，再经贮存、勾兑而成的58度优质白酒。

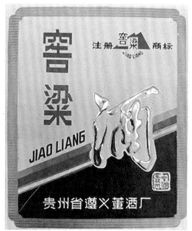

▲窖粱酒标

　　1980年初，陈锡初厂长召集技术人员和经验丰富的老工人，研究制定了新产品窖粱酒的生产工艺试制方案，并安排在烤酒一、二班进行试验生产。试制开始后，烤酒一、二班的工人在正常生产的间隙中争取时间，利用酿制董酒的生产设备进行新产品的试制。1980年春节期间，试制成功并转入批量生产，产品逐渐投放市场。窖粱酒从开始试制到1985年2月底停止生产，总产量共765.3吨。

　　1985年2月底，董酒厂停止生产窖粱酒。3月，取代窖粱酒的新产品董窖酒试制成功。董窖是用白酒串蒸董酒香醅得基酒，贮存后再加入部分董酒调味酒勾兑而成的其他香型白酒，属于中档优质白酒。它是在窖粱酒生产工艺的基础上，精心选料，通过改变勾兑方法（即在勾兑中加入适量比例的董酒调味酒）而得的新产品。试制期快，生产周期不长，3月中旬便在董酒一车间正式投入批量生产。刚生产时仍利用董酒生产间隙进行，充分利用、节约能源。1985年共生产董窖211.7吨。1986年在其他车间扩大产量后，达到377.3吨，超计划完成生产任务。董窖比窖粱酒质量有很大提高，口感醇甜爽净、酯香舒适，具有一定的董酒风格。1985年投放市场后，深受广大消费者的喜爱和好评，特别是在长江以北，尤受欢迎。

▲董窖酒标

五、董醇（低度董酒）

董香型白酒的黄金酒度是59度。随着生活水平不断提高，市场要求日趋多样化，特别是适应外销市场需求，单一高度的董酒明显不能完全满足这一需求。同一时期，轻工业部对酿酒工业发展的指导意见也强调要低度化、多品种。要求名优白酒要在保持原有风格的基础上，逐步低度化。《1981年—2000年全国食品工业发展纲要》对酿酒工业发展也同样要求"逐步增加低度白酒的比例。"

这一趋势引起了董酒厂的密切关注和高度重视。1983年，董酒厂与贵州省轻工科研所合作，开始了低度董酒（董醇）的试制工作。1984年5月23日，轻工业部下达〔84〕轻科字17号文件，将低度董酒正式列入科研计划。项目性质：新产品。项目名称：低度董酒。主要研究内容：利用董酒的副产品，经除杂重勾兑工艺，研制低度董酒。主要用途技术及经济效果：利用名酒的副产品，研制低度酒，增加外汇收入和满足国内市场需要，酒度40度左右，具有名酒风格，质量符合国家蒸馏酒指标。起止年限：1984年—1985年。主要承担单位：贵州省轻工研究所、贵州省董酒厂。项目负责人：丁祥庆、贾翘彦。

1984年3月，董醇的小试样品在贵阳通过省级鉴定。鉴定会上大多数领导、专家均认为低度董酒是有发展前途的产品。同年5月，轻工业部将低度董酒项目列为部级新产品项目，并于同年11月正式行文下达该项目。经过若干次小试，低度董酒质量基本稳定，工艺路线逐步成熟，为中试奠定了基础。1984年9月，贵州省轻纺工业厅及遵义市经委对低度董酒中试工作组织了可行性论证，并要求尽快转入中试。会上品尝了低度董酒，对其质量再次做了充分肯定。

1985年，中试工作开始，中试工作在酒的选择、处理、贮存及勾兑等方面比小试有了进一步改进及完善，初步形成了一套质量保证体系，产品质量有了进一步的提高。中试的几批产品，在感观指标、理化指标及卫生指标方面均符合贵州省董醇企业标准要求。

1985年10月下旬，中试产品面世后，邀请全国及省内部分专家到遵义品评。大家给予了中试产品很高的评价。

▲董酒品鉴现场

三位酿酒专家、高级工程师1985年10月24日遵义品评会对低度董酒（董醇）品评意见：

1. 周恒刚

评分：未打分

评语：香气浓郁协调，极其接近原酒。在口味上细腻悠长，这一点比一般低度酒尤为出色。尾味干净，特别是药香适宜，这就突出了自家风格，不与浓香型酒混淆，关于这一点是极其可贵的。这是一件杰作，是极其成功的。在回味上微涩（不重）并有窖泥及黄水味（不重，但也是难以解决的自然现象）。

2. 沈怡方

评分：95分

评语：无色透明，董酒典型性强，香浓带药香，味醇爽净，回甜感好，香气协调。

3. 熊子书

评分：96分

评语：无色透明，香浓兼有药香，入口药香明显，醇和爽口，香味协调，有余香味，但后味略涩稍辣，可能与试制后陈酿期有关，具有董酒原有风格。

其他人员对低度董酒（董醇）的品评意见（1985年11月14日—11月16日）：

1. 中国粮油食品进出口公司贵州省分公司丁海

评分：96分

评语：色香味均佳，别具一格，试制成功，值得祝贺，我司尽力组织出口试销。请考虑：包装规格系列化：500ml、250ml以及38度、25度和18度等产品。另请设法消除回味尾涩现象。

2. 贵州省外贸进出口公司卢宝坤

评分：98分

评语：该酒酒体晶莹、协调、醇香浓郁，入口甘绵，药香宜人，尾味干爽，诚为低度酒佼佼者。此酒如宣传推销得当，国内外销售前途均较光明。

3. 贵州省遵义地区糖业烟酒公司肖世林、林跃南等五人

评分：98分

评语：酒体无色透明，酯香幽雅，具有舒适的药香，醇和浓郁，甘爽味

长，后略涩，但保持了董酒的风格，实属低度名酒中佳品。品评同志一致认为，必将受到广大消费者欢迎。

4. 贵阳市金桥饭店杨厚先等二人

评分：96分

评语：无色透明，无沉浮物，醇厚回甜，入口回味无杂味，尾味长，爽口，保持了董酒的风格。

5. 遵义宾馆周正烈等四人

评分：95分

评语：该酒酒体晶莹、无色、清亮、透明，无悬浮物，无沉淀，香气幽雅，带有舒适药香，醇厚回甜。在我馆客人中饮用后，深受高度赞扬，均认为发展前途光明。

1986年1月29日，贵州省轻纺工业厅受轻工业部委托，组织对低度董酒（董醇）进行鉴定。鉴定意见对低度董酒（董醇）的感观评定为："该酒酒液晶莹透明，香气幽雅，药香协调舒适，入口醇厚，香味协调，甘爽味长，低而不淡，加冰加水不浑浊，口味仍佳。比较完美地保持了董酒的独特风格。"在鉴定综合意见中指出："新产品低度董酒（董醇）的研制是成功的，工艺较为先进合理，采用的除杂重勾工艺在低度酒生产上有所突破。完成了轻工业部〔84〕轻科字第17号文下达的任务，同意该产品通过技术鉴定，转入批量生产。"鉴定会上的专家和试销时消费者均认为中试产品质量更好，口味更佳，转入批量生产的条件成熟。

1986年，董酒厂将低度董酒（董醇）列入正式生产计划，开始批量生产，到11月底止，已生产七十余吨。当时，每吨酒可获利800元左右，税166.50元。扩大生产后，每吨酒利润还能适当提高。

低度董酒理化卫生指标分析表

项目	酒精度	总酸	总酯	固形物	甲醛	杂醇油	铅
单位	20℃%vol	克/升	克/升	克/升	克/100毫升	克/100毫升	毫克/升
企业标准	38+（-）1	3	1.2	0.4	0.04	0.15	1
达到情况	38.2	2.274	2.118	0.27	0.005 2	0.125 6	未检出

董醇生产操作规程

（一）基酒处理操作

1. 基酒勾配。要求选用的基酒贮存期半年以上，经勾配后的基酒香气、口味纯正，具董香典型风格。

2. 降度。将已勾配好的基酒，加水降至39.5±0.5度。

3. 冷冻。基酒冷冻在冷冻箱中进行，基酒温度降至接近0℃时，开动搅拌器搅匀，基酒温度要求0～3℃。

▲董醇酒标

4. 基酒温度降至0～3℃时，按规定量加入吸附剂，并在规定时间内进行吸附处理。

5. 过滤。用不锈钢泵将已处理的酒泵入饮料过滤机中过滤。

▲董醇工艺流程图

（二）贮存

经过滤后的清亮酒液直接放入陶缸中，密封贮存3个月以上。

（三）勾兑

按董醇企业标准色、香、味、格的要求勾兑，勾兑好的董醇必须与董醇出厂标准样比较，经厂评酒委员会品评，达到出厂标样水平，方准予包装。

（四）包装出厂

1. 仔细检查酒瓶有无损坏，是否洗净，装瓶容量是否符合规定要求，商标是否贴正等。

2. 抽查检测合格后方准装箱出厂。

低度董酒（董醇）的试制成功，打破了浓香型低度酒一统天下的局面。采用除杂重勾工艺，在低度酒生产技术上有所突破。加冰加水不浑浊，风格保持较好，在低度酒质量问题上有所创新。低度董酒（董醇）的研制被评为1989年贵州省科学技术进步奖二等奖、1985～1986年贵州省优秀新产品二等奖，并给有功人员记二等功。

另外，这次试制是生产企业和科研院所联合，使生产企业存在的技术力量不足、分析仪器设备不全，资料信息收集不够等问题也得到了改进和加强。

第五节　董酒香型的定型

一、香型定义

曾称药香型，以高粱、小麦、大米等为主要原料，采用独特的传统工艺制作大曲、小曲，用固态法大窖、小窖发酵，经串香蒸馏，长期储存，勾调而成的，未添加食用酒精及非白酒发酵产生的呈香呈味物质，具有董香型风格的白酒。

二、香型由来

董酒以其独特的生产工艺，独特的微量香味组成成分，独特的风格赢得了白酒界专家、行家的赞赏。自1957年恢复生产以来，产品深受广大消费者喜爱，影响日益扩大，贵州、四川、江西、山东、湖北、云南、河南、黑龙江等省份，逐渐出现一些类似董酒风格的生产厂家。董酒独特的串香工艺已普遍为国内酒厂采用，对提高中低档白酒的质量起了很大作用。1983年，董酒厂与贵州省轻工业科研所合作进行了两期董酒香型研究探讨工作，对董酒生产工艺、香味微量成分及量比关系、董酒风格进行了深入研究。"董酒香型的探讨"科研项目，在1986年荣获贵州省科学技术进步奖。酒厂还邀请中国科学院昆明植物研究所及清华大学分析中心对董酒香味微量成分及药香进行了分析。中科院植物研究所对董酒香味微量成分分析报告在国内杂志上发表。为董香型的确立建立了扎实的理论基础和营造了良好的舆论氛围。

三、香型确立

2008年9月，董酒其香型获国家颁布标准，成为中国酒类的一个新香型。随后，贵州省质量技术监督局正式颁布了以董酒为代表的董香型白酒地方标准。此次董香型白酒地方标准的颁布，标志着董香型的地位得到进一步确立，填补了中国白酒行业在董香型白酒标准上的空白，开创了白酒新香型流派——董香型。

四、香型特点

对董酒的香型、香气、香味和酒质进行了剖析，总结如下：（1）酯香和药香的复合，构成了董酒酯香优雅，微带舒适药香风格；（2）酯香与丁酸、泥香的复合，构成了董酒入口浓郁，味长爽口的风格；（3）独特的串香工艺，保留了小曲酒的某些特点，使董酒具有醇和、回甘的风格。综上所述，董香型的风格特点概括为：酒液清澈透明，香气优雅舒适，入口醇和浓郁，饮后甘爽味长。

五、感官标准

项目	高度酒要求	低度酒要求
色泽和外观	无色（或者微黄）、清澈透明、无悬浮物、无沉淀。（注）	无色（或者微黄）、清澈透明、无悬浮物、无沉淀。（注）
香气	香气幽雅，微带舒适百草香。	香气幽雅，微带舒适百草香。
口味	醇和浓郁，干爽味长。	醇和柔顺，清爽味净。
风格	具有董香型白酒典型风格	具有董香型白酒典型风格

注：当酒的温度低于10℃时，允许出现白色絮状沉淀物质或者失光。10℃以上时应逐渐恢复正常。

第八章 董酒大事记

1903年，程明坤出生。

1925年，程明坤向四哥程锡儒提出，想在酿造小曲酒的基础上试制窖酒。得到支持后，程明坤开始了试制窖酒的前期准备，广泛搜集制米曲的中草药配方并开始修泥窖。

1926～1928年，程明坤全力投入试制窖酒，多次失败后，麦曲《产香单》、米曲《百草单》（后改为《娱蚣单》）药方初步成型。

1929年，小曲小窖、大曲大窖复蒸法雏形出现，烤出第一批窖酒，广受好评，但泥味稍重。

1930～1931年，针对窖泥味重，程明坤又改用当地碱性白墙泥等修建窖池，通过改变酸碱度来降低泥味使酒质好转。此后销路逐渐打开，人称"董公寺窖酒"。

1932年，程明坤实地考察茅台酒生产工艺而受到启发，回来后加深加大窖池，增加堆积工序，完善曲药配方，酒质更加完善，"董公寺窖酒"声名鹊起。

1935年，红军长征两次路过遵义，一些指战员曾领略过董公寺窖酒的神韵，留下不少故事。

1942年，经高坪区区长伍朝华提议，将"董公寺窖酒"改名为"董酒"，程明坤欣然赞同。从此董酒以产地而得名。同年，刘家坝一带的"古德州"等三家酿酒作坊在竞争中失利，先后关闭。

1943～1945年，程明坤引种高粱以图实现董酒酿造原料自给，但因土质、气候等条件不宜而失败，程明坤又引种大面积的洋芋（土豆），用以试制董酒，多次试验失败。

1945～1949年，董酒畅销，程明坤经济状况改变明显。与四哥分家独立，置办家产，雇用帮工20余人，经营酒坊、榨油坊、织布染布坊及田土耕作等。但也在这5年中，连续遭到6次变故，族侄持枪相迫抢走米曲《百草单》《产香单》，但因工艺不熟失败。程明坤整理配方，将《百草单》更名为《蜈蚣单》。程明坤从城里收款，乘夜回家，途经飞来石（地名）被强人所劫。在程家中帮工看牛的2个小孩（一人姓伍，一人姓涂）先后被淹死，程明坤因而遭人命官司，经济损失惨重，几乎到了窖塌酒光的境地。之后又被诬砍伐坟山树木，险遭牢狱之苦，经济上再遭洗劫，致使作坊终于倒闭，董酒停产。所余董酒至1949年底全部销完，董酒暂时在市面上销声匿迹。

1949年，遵义解放。

1950年，程明坤先后两次捐献家产若干，受到宽大和保护，成为自食其力的"开明地主"。

1951～1957年，程明坤以制米曲维持全家14口人的生活，兼营榨油、织布。后来因限制跨行业行为，停止兼营部分。所制米曲主要供应康石桥等地的酒坊制酒。

1957年，遵义市人民政府决定恢复董酒的生产，由遵义酒精厂负责。经市财政局、税务局、地委组织部等有关人员出面多次动员程明坤重操旧业，献技献艺。程明坤同意后，市财政局拨款2 000元作试制费，技术上由程明坤负责。清理整修程氏原生产董酒的大窖池2个，利用杜仲林场喂猪房作酿酒场所，从茅台酒厂买来一车丢糟作母糟。同年7月开始煮粮，每甑200斤，酒糟配以茅糟下大窖。当年投料共计7 000斤高粱，全部烤成高粱酒，装罐待用。参加试制有4人，程明坤、程正奎、徐必生、张相国。

1958年初，开大窖取出再发酵产香的香醅装进木甑中，用高粱酒作底锅水，经翻烤而得的董酒。经在场的人品尝，皆认为质量优良，试制成功。即由酒精厂包装样品报省轻工业局，后由省局转报北京。几个月后，接到国务院总理办公室批复函件："色、香、味均佳，建议当地政府予以恢复、发展。"

3月，遵义酒精厂决定建立董酒车间。派刚从部队转业分到酒精厂的王明锐带刘绍甫、李绍彬两位职工到董公寺杜仲林场苗圃站与程明坤等人一起建立车间。拨出正房4间，一间住宿兼办公室，一间存粮，一间制曲，并与另一间共同存酒。左偏房4间挖董酒窖池，右偏房4间为烤酒场地。

6月，由于资金紧缺，恢复董酒生产的土建工作大部分由职工及家属义务劳动来完成，由酒精厂财务供销股股长陈锡初带领部分职工家属每天从酒精厂步行10里（1里=500米=0.5千米），早出晚归。在程氏小作坊基础上修灶、挖窖。同年10月完工，共挖大窖16个，加上原有2个，共18个。修好烤酒灶3个，随即投产。至年底共有职工22人，生产用房350平方米，上级拨款2万元，建立董酒车间。

1959年，董酒参加贵州省第一届评酒会，被评为贵州名酒。

1960年，自然灾害期间，粮食原料紧张基本停止生产。由职工刘木山、米树清留守看管车间财产，其余人员回酒精厂工作。程明坤也调回酒精厂参加制曲工作。

1961年，自然灾害持续，各企业精简，原属于农村后参加工作的职工先后被精减回家，程正奎也在此列。

1962年7月，自然灾害影响稍减退。酒精厂指定李绍彬等10余人回董酒车间恢复生产，新烤酒灶一个。至此，董酒车间共有4个烤酒灶，2个用于烤高粱酒，两个用于翻烤董酒。8月，为减轻工人劳动强度，车间安装了一台汽油抽水泵，改善了挑水烤酒状况。

王淑苓调入酒精厂负责董酒车间工作。王系天津轻工学院1959届毕业生，毕业分配到遵义地区轻工业局工作，1975年3月调河北衡水酒厂。

1962年底，车间共有职工25人，当年生产董酒23吨。

方长仲调入董酒车间工作，不久即调走。

1963年4月1日程明坤因病去世，享年60岁。

1963年4月，因久旱缺水，董酒被迫停产30天。但工人们采用蓄水挑水，保证两个成品灶生产。

7月，董酒厂建包装库房，砖木结构，计约120平方米。8月竣工投产。

9月，董酒在第二届全国评酒会上，首次被评为国家名酒，荣获金质奖章和证书。

10月，贵州省为董酒车间投资7万元。

12月，全年生产董酒89.13吨。

1964年，贵州省组织省内酒厂赴四川酿酒行业参观学习，酒精厂派人（包括董酒车间）参加。回来后采用两项新技术用于董酒生产：（1）将原木制糖化箱改进为地面通风糖化箱（砖、木、砼结构），调整温度采用鼓风机从下往上通风；（2）将传统的酿酒器材天锅、盘肠（蛇管冷凝器）改为直套管冷凝器。

同年，上级拨款13万元，改造董酒车间。由于施工，产量受到影响，当年产董酒46.83吨。

同年年底，贾翘彦分配到董酒车间。

1965年全年生产董酒62.59吨，系列酒"遵义窖酒"出品上市。

1966年～1976年，"文化大革命"期间，董酒车间因地处郊外，相对闭塞，车间仅有老工人为主的28名职工，政治素质好，十分珍惜艰苦创业的成果，故自觉排除干扰，坚守生产岗位，未停工停产。厂部的造反派把"走资派"苏方、陈锡初等送到董酒车间批斗，并监督劳动。大多数职工对"走资派"们尽力照料和保护。

这十年，为"多快好省"出酒，进行了不少革新，有些比较成功，如为提高生产效率，减轻劳动强度，用铁铲代替了木质铲，用人力木板车代替了竹撮箕出粮，等等。有些结论未定，如1973年，在贾翘彦、程正奎、刘兴奎、吴国治等提议下，试验了"一次串香"蒸馏；还有一些走了弯路。如将堆积发酵改为低温下窖，低度酒下窖。结果香醅发臭而不能用。还有用酒精泼窖壁消毒杀菌，用火烧，菌被杀死，窖壁泥土被火烧后发泡，只好重新翻造。翻造时，又在窖泥中掺加尿素，结果仍然不理想，只好再次用老材料老办法。

在此期间，车间负责人屡次更换，先后为刘木山、刘登俭、王淑苓、邓学斌、刘伯禄、程家林、丰正臣、刘兴奎、陈锡初。

1973年，行署发出地计委〔73〕计基字第061号文件，下达了年产董酒

120吨扩建任务，要求1974年6月前上报编制的扩初设计。后经审核批准，总投资45万元，并于1974年9月动工，董酒生产规模逐年扩大。

1976年4月17日，遵义市革命委员会下发遵市发（1976）26号文件，决定建立遵义市董酒厂。

6月1日董酒车间从遵义市酒精厂分出，成立遵义市董酒厂。时有职工52人，由陈锡初任厂党支部书记、梅秀明任厂革委会副主任。

7月厂部利用丢糟兴办养猪场，改善职工生活。

10月夏雨林、李绍冰负责开发的新产品"玉香液"试制成功并投放市场。

1977年1月，轻工业厅表彰董酒厂"贵州轻工业学大庆先进单位"。

3月，随着"文革"结束，各项工作日趋恢复正常，第一批学工进厂，共24人。扩建300吨工程第一期动工。

4月，市委、轻工局党组派工作组进厂，由副局长颜景富带队，共3人。21日，中国粮油食品进出口公司贵州省分公司向遵义地区外贸、遵义董酒厂等有关部门下达《关于同意董酒出口试销的通知》，要求尽快把样品送广交会展出。样品送出后，反映良好。

5月，刘旋龙负责的新产品配制酒"杜仲酒""杞圆酒"试制成功并投放市场。

6月，董酒厂向遵义各兄弟单位发出"开展社会主义劳动竞赛"的倡议书。号召大家"坚持党的基本路线，向大庆工人学习，搞好企业的管理和整顿，大干社会主义"。各生产班组初订本部门《岗位责任制》。

7月23日，董酒厂进入遵义市学大庆先进企业光荣榜。

8月1日，120吨扩建工程竣工投产，董酒年生产能力达200吨。16日，贵州省轻工厅向省计委等有关部门报送《关于董酒出口问题的报告》。认为"董酒出口条件已具备，应予适当安排一些对外试销"。1978年3月3日，省财办批复："同意今年出口试销董酒10吨。"

同月第一台锅炉（WWG2—8型）安装运行，结束了传统"直接火"蒸馏的落后方式。同时120平方米化验室建成，有实验人员2人。

9月，在酿酒班进行了董酒串香工艺试验，参加人有贾翘彦、晏懋炎、吴国志、刘平忠等12人。

12月初，厂党支部确定由王荣刚起草《董酒厂政治工作制度》，由刘平忠起草《董酒厂企业管理制度》，并于12月底试行。基建组评为全厂先进集体。

1978年1月，董酒厂荣获全省轻工系统1977年工业学大庆先进单位称号，由省工业局授奖旗一面。1 027平方米包装车间建成投产。市委派出第二个工作组，组长：陈仲安等五人。

3月，第二批学工进厂，共12名。

4月，苟天银负责的冲瓶机仿造成功投产。

5月，成立"三八"女子酿造班，先由陈玉、丰洪仙等负责。

6月，工资调整40%。各车间、部门建立岗位责任制。

7月，厂男子、女子篮球队组建。15日为满足国内外市场需要，董酒厂在现有年产200吨基础上，向市计委、市轻工局上报新增董酒300吨扩建计划书，以实现年产600吨生产能力。同年该计划书先后得到省、地、市有关部门批准和支持。

12月，董酒"串香工艺"荣获科技大会奖。本月"6681"油库失火，严重威胁酒厂安全。

1979年2月17日，为充分调动职工积极性，根据多劳多得的分配原则，厂部制定了《关于试行单项奖励的暂行办法》。

3月，再开展工资调整上浮40%，从2月起实施"定额超产奖"，执行到5月被市有关单位叫停。

4月1日，遵义地区经委、地区财政局向省经委、省财政上报"关于请求安排遵义董酒厂酒库及改造烤酒车间资金的请示报告"，力争年产600吨。

5月，厂长陈锡初参加在山西汾酒厂举办的名酒厂厂长学习班，学习企业管理。

8月底，完成产值37.46万元，上交利润1.37万元，扭亏为盈，首次摘掉企业长期亏损的帽子。本月香港顺风贸易行谭国志、邓锦玲等来厂参观、洽谈，"要求包销董酒"业务，并于10月在广州市设董酒巨型广告牌。

9月10日，董酒在全国第三届评酒会上，被评为国家名酒、荣获名酒证书。

9月23日，记者江永新经长达半月之久的采访，在贵州日报发表了《坚持原则性与灵活性的统一，从遵义董酒厂的奖金问题谈起》的文章，肯定了董酒厂实施定额超产奖符合按劳分配原则。本月董酒厂荣获贵州贯彻"八字方针"奖。本月全厂利用锅炉检修上了两天半全面质量管理基础知识普及课。

10月20日，董酒被评为贵州优质产品，获省经委颁发的优质产品证书。

11月1日，中共遵义市委组织部发市组（1979）字第013号文，经市常委会研究决定同意董酒厂党支部委员会由陈锡初、梅秀明、刘兴奎三位同志组成，陈锡初任支部书记。22日市组干字（1979）字第43号任命梅秀明为厂长，贾翘彦为副厂长。厂篮球队参加地区行署工业局、市轻工业局组织的地市轻工企业五一篮球锦标赛，厂女子篮球队获"第三名"。厂财务室获市财政局"1979年企业财务基础工作竞赛优胜单位"。

1980年1～3月，新产品"窖粱酒"试制成功，并投放市场。

3～8月，董酒按国家食品卫生标准起草董酒《企业标准》《内部工艺规程》并上报。本标准于1984年4月1日发布并实施。

5月，在庐山召开的第二届全国名优白酒技术协作会上，董酒受到好评。

5月8日，制定《安全生产、防事故制度规定》。

9月，省市投资37万元，继续扩建。

12月10日，参加轻工部在重庆召开的全国轻工业产品包装装璜评比大赛，荣获"优秀作品"奖。

1981年3月18日，轻工厅抄送轻工部〔81〕轻食发字40号文，通知董酒厂参加拍摄"第三届全国名酒专题纪录影片"。

4月13日，制定了《关于劳动纪律的几条措施》。

6月6日，厂党支部制定了《加强思想工作的初步意见》。7日党支部制定了《关于党内政治生活的若干准则的几点要求》《对行管人员的几点要求》。本月董酒在全国名优白酒检评会上（桂林）获得好评。

7月，扩建300吨工程竣工，年总产能达500吨。

8月15日，扩建600吨工程竣工投产，省地市又投资76万元继续扩建。

9月1日，制定了《关于主要班组实行集体计件工资，其他部门实行完成任务奖的办法》，同年10月5日，市轻工局批准执行。

1982年2月，经地委、市委批准，成立中共遵义董酒厂委员会，李照铎任党委书记，委员有：陈锡初、梅秀明、付建强。厂长陈锡初，副厂长梅秀明、贾翘彦。

3月3日，省政府对完成1981年生产建设任务成绩突出的工建交企业进行表彰，轻纺系统受重点表彰的企业有遵义董酒厂等16个单位。8日，市工交部〔82〕29号文任命杨国钧为董酒厂党委委员、党委副书记兼党委办公室主任。16日，厂部制定并实施《关于实行完成任务奖及在主要生产班组实行超额分成的暂行办法》。本月成立了制曲车间、包装一车间、酿酒一车间、动力车间。在管理上明确三级管理：厂部→车间→班组，但未正式任命车间主任，只提车间负责人。

4月27日，首届职工代表大会召开。大会主席团11名，职工代表52人，列席代表4名，特邀代表3名，选举梅秀明为工会主席。

5月12日，建立董酒厂工会委员会，并举行了第一届职工运动会，69人参赛，19人获奖。

8月，成立了保卫科。

12月15日，董酒厂申请注册的圆形"董"字商标获国家工商总局批准注册，证号：166992。本月董酒厂获4项省、地市主管厅局颁发的先进集体奖。男女篮球队参加遵义市职工乙级篮球比赛，女队获第一名。成立厂职工教育办公室，开设全脱产初级文化学习班。

1983年1月1日，从即日起，生产车间实行经济责任制，行政部门实行岗位责任制。同年2月行政部门开始实行经济责任制，各部门逐步完成承包合同的签定。31日，轻工厅批准遵义董酒厂扩建600吨计划。

2月22日，厂部制定《关于厂规厂法的补充规定》，于4月1日起生效。本月企业进行全面整顿，由厂长陈锡初主持。

3月起，职工工资普调一级，干部按新级别执行。20日，厂为792名职工投保，人均26.00元，共缴纳保险金19 800元。

4月5日，参加"遵义诗会"的诗人、作家、编辑参观董酒厂。董酒厂被评为全省轻纺系统先进集体。2幢24套1 469平方米生活区竣工。

6月，厂工会组织第二届职工运动会，147名职工参赛。28日，团市委批准建立团厂委，任正刚任团委书记。本月董酒在四川宜宾举行的全国第七届名优白酒技术协作会上受到好评。会上，轻工部食品局耿兆林工程师针对董酒质量提出了建设性意见。同时，董酒厂被推选为"其他香型"分部组长，陈锡初任分部秘书长。

7月12日，厂召开第二届职代会，选举梅秀明为工会主席。

8月，企业全面整顿验收合格，总分为889分，成为遵义市属企业同期验收中获分最高单位。董酒被评为全省优秀包装产品。中央绿化委员会副主任雍文涛来遵义视察并参观了董酒厂。

11月，成立安全委员会，新购置消防器材25件。23日，收到"红城"牌董酒被授予"著名商标"的证书。市技校分来11名毕业生。

12月，董酒荣获"贵州名酒"称号，评为省优质产品。董酒在全国出口商品包装装潢展览会上荣获一等奖，出口型董酒受到国家外经部颁发荣誉证书。酒厂被评为省、地、市先进单位，获奖状、锦旗和奖章。经济承包超额完成生产，受到市领导嘉奖。书记李照铎、厂长陈锡初受到嘉奖。

1984年2～4月，省经委质量处李惠琴处长来厂考察，指示酒厂申报国家优质食品奖。

2月，女子篮球队参加篮球甲级赛获第三名。

3月，贾翘彦参加在江苏准安举行的全国评酒委员考试，取得优异成绩，准备参加5月份在山西太原的评酒会议。

4月15日，轻工科研所主持了董酒香型探讨技术签定会。本月成立劳动服务公司，时国良任经理，王新林任副经理。董醇试制成功。

5月，厂工会组织第三届职工运动会，204名职工参赛。

6月26日，省政府在《关于认真做好夏季粮油征购和销售工作的通知》

中规定，从7月1日起，酿酒用粮一律改为议价粮或加价粮，酒税减半。本月《董酒报》创刊。26～28日召开第三届厂职代会。

7月，购置3000余元消防设施，新增消防器材61件，同时增订《安全防范补充规定》并对全厂污染源进行测定。16日～28日工厂召开第一届职工游泳大赛，86人报名参赛，选出19名成绩优异的选手参加遵义市运动会并获得佳绩。

8月31日，在北京召开的全国第七届质量月授奖大会上，董酒荣获国家优质食品金质奖，获得中国名酒证书，陈锡初厂长赴京领奖。

9月4日，在贵阳召开的全省轻纺工业质量管理工作座谈会上，董酒厂被评为1984年全面质量管理先进单位。10日，市政府决定表彰董酒厂，奖励人民币三万元。

10月24日，团市委批复增补王怀义等为团厂委委员。

11月20日，轻工部在《关于对遵义市董酒厂扩建工程同步设计的批复》中指示：同意"新增董酒生产能力2 000吨"的工程设计。

12月6日，市企政〔84〕字第040号文件任命贾翘彦、任正刚为董酒厂副厂长。10日，董酒荣获轻工部颁发的金杯奖。14日，市委副书记张文礼，企业政治部刘启德两位同志来厂视察，宣布任免厂领导：陈锡初任中共遵义市董酒厂委员会书记、厂长。李照锋任厂调研员，原任职务自然免去，不再办理免职手续。贾翘彦、任正刚任副厂长。杨国钧任厂调研员。梅秀明任调研员。21日，为打破"大锅饭"，调动职工积极性，厂部制定并实施《岗位责任津贴试行办法》。22日，为在3～5年内实现遵义北关乡建成"遵义市酒乡"的目标，董酒厂党委和北关乡党委共同起草了《北关扩建董酒厂、新建董公寺协调领导小组的报告》，报市委、市政府。次年2月12日市政府〔85〕遵府复6号文，同意成立协调领导小组及机构人选，组长由北关乡党委书记邓林担任，副组长由董酒厂厂长陈锡初担任，5名组员由双方代表组成。24～25日，第三届职代会第二次会议召开，厂长陈锡初总结1984工作，部署1985年工作。27日，在遵义宾馆召开了窖粱酒制订标准会议，到会代表29人，会后，相关资料报上级部门。29日，厂长陈锡初召开中层干部会议，就1985年改革进展，广泛征求意见，要求各部门开创工作新局面。

1985年1月1日，电视台新闻部工交摄制组来厂采访。厂党委发布各科室、车间正副职任职的通知。5日，《中国食品报》、东北电化教育制片厂来厂，拍摄电视录像资料片。为庆祝遵义会议五十周年，酒厂特设计彩车一辆。16日，中共中央顾问委员会委员伍修权为董酒题词。18日，《经济日报》社记者罗开富沿着红军长征路徒步采访，到达酒厂，由市委副书记张文礼，副市长许树松，市公安局长陈文华陪同。28日，中国广播说唱团团长马季和相声演员赵炎因主持贵州省春节联欢会而光临酒厂，受聘为"特约顾问"。

3月16日，厂部决定对杨仁厚等12名先进工作者进行表彰，各晋升工资一级。23日，酒厂消防检查验收合格。25日，市企政〔85〕字第026号文任命杨仁厚为董酒厂副厂长。新产品"董窖"试制成功，并投放市场。

4月27日〔86〕遵府通49号文决定成立"遵义董酒厂扩建工程指挥部"，陈锡初任总指挥，任正刚、梅秀明任副总指挥。

6月8日，省政府下达扶持食品工业的10条优惠政策。同日省轻工厅决定董酒参加11月15日至30日在北京召开的亚太国际博览会。14日，酒厂标准、计量工作完成。标准化验收获90.5分，主持人：刘平忠。计量验收达二级，主持人：周世国。

7月，新招合同制工人进厂，董酒二车间投产。厂工会组织16人参加了首届"遵义之夏"艺术节，获两个奖项。

8月，工业普查开始，蔡灿丽为主持人，12月份完成并获先进单位表彰。22日，新建600吨董酒车间投产，董酒年产能力达1100吨。24日，为适应新商标法，将"遵义董酒厂"更名为"贵州遵义董酒厂"，报相关部门备案。

9月，全省轻纺系统开展全面质量管理检查质量保证体系考核，项目主持人：刘平忠。10日，董酒包装获"西南新奖"。制曲车间不慎失火。房屋普查工作验收合格，主持人：苏琪。包装车间成立QC小组一个，共10人，课题是"改进酒中渣源"。末代皇帝溥仪的弟弟溥杰给董酒厂题词。30日，成立董酒厂爱国卫生委员会，主任杨仁厚，副主任周道廉、龚祖培、陈玉。

10月初，厂女子篮球队在市职工甲级赛中获第二名，并获"精神文明队"奖项。9日，为认真搞好财税大检查工作，成立了厂自查小组，组长陈锡初，副组长任正刚、李光印、邹曼冰。18日，市企政（1985）字第081号文任命周道廉、晏懋炎为副厂长。24日，轻工厅在遵义召开董醇品评会，评语是：董醇保持董酒典型风格，并同意批量生产。

11月7日，北关乡政府和酒厂签订联办酒厂协议书，陈锡初任联办酒厂董事长。15日，董酒参加北京亚太国际博览会。

12月10日，遵义市经委在《关于董酒厂、北关乡联办酒厂的批复》中指出："为了大力发展我市中级名酒生产，经委同意这项联办酒厂的协议"。本月董酒厂被省轻工厅评为职工教育先进单位。

1986年1月18日，酒厂被市政府授予"消防工作先进集体"称号。

2月21日，厂党委派遣三人到黔北窖酒厂等单位任领导职务。

3月，遵义地区"名酒杯"篮球赛在遵义市隆重举行，厂女子篮球队获本届冠军。

4月1日，酒厂为675名职工投保，人均26元，缴纳保险金16 425元。包装车间QC小组"改进酒中含渣量"攻关课题完成，获省轻工系统优秀小组奖，随后在5月6日的评比中，先后荣获市级、地区级省轻纺系统及省级优秀小组奖和优秀成果奖。

5月28日，中共中央书记处书记王兆国，中共贵州省委书记胡锦涛等领导来酒厂参观考察，指导工作。30日，胡厥文等名家为酒厂题词14幅，刘平忠赴京取回，交厂办收藏。

6月1日，董酒厂举行建厂十周年庆祝活动，800余名嘉宾参加。厂工会特举办了第五届职工运动会，600名职工参与。

7月，在省轻工厅召开"贵州省轻纺系统第二届QC小组成果发布会"上，董酒厂包装一车间QC小组获三等奖。

8月，在"双文明"建设中，董酒厂与遵义市人民印刷厂在湘江河举行首届夏泳联赛。

12月，董酒、董醇在贵州省第四届名酒表彰会上双双获金奖。

1987年2月，董酒厂第四届职工代表大会在遵义湘山宾馆召开。获贵州省轻纺系统"双文明"先进集体奖。

5月，"酒乡行"考察团到董酒厂参观、联欢、表演、题词。在北京举行的全国"长城杯"健美队邀请赛中，贵州董酒健美队取得优异成绩

6月，董酒厂女子篮球队在湄潭第二届"名酒杯"篮球赛中夺魁。

7月，董酒厂、酒精厂横向经济联合签字仪式在市湘山宾馆正式举行。

8月，董酒厂向市轻工局签订了"承包经营责任制"文本。

9月，为庆祝国庆，厂工会举办了第二届职工文艺汇演。

11月，董酒、董醇、董窖获第二届群众喜爱的贵州产品"杜鹃杯"奖。

1988年2月，被评为省级先进企业。

4月，第七届职工运动会举行开幕式。

5月，第四届厂职代会二次会议在湘山宾馆召开

6月，召开北关三个酒厂承包夺标会议，刘平忠、晏叔义、李光全三人中标，分别到一、二、三分厂担任厂长。

7月，获省轻纺工业厅质量管理奖。

8月，获轻工业部质量管理奖，并荣获省级节约能源企业称号。

10月，董酒评为首届中国文化名酒。

11月，召开1989年生产计划会议，制定1989年方针、目标和措施。

12月，荣获遵义市质量、计量、标准化管理协会颁发的"质量管理先进单位奖"。董酒厂达到工业计量国家二级标准。召开酒厂与酒精厂合并后的安排意见会议暨座谈会。

1989年元旦，遵义酒精厂正式并入遵义董酒厂，更名为董酒厂直属分厂，同时对酒精厂厂区干部进行调整任免。董酒、董醇参加第五届全国评酒会。

2月，厂长办公会研究市场疲软对策。全国老区少年摄影爱好者到厂参观、创作。

3月，纪念"三八"座谈会，表彰1988年度"五好家庭、三八红旗手"。组织包装车间的贴标竞赛，包二车间获第一。技（1989）黔价电字

第08号《关于适应下浮部分名烟名酒价格的通知》中明确董酒价格一次性归位。召开增产节约、增产节支动员大会。

4月，召开厂长办公会，研究建立特约经销点细节。党委召开思想政治工作会议。

5月，陈锡初参加中国企业管理协会组织的考察团，到挪威考察学习。全国晚报社会新闻大赛遵义奖采访组到董酒厂参观采访，并参加董酒新闻发布会。杨仁厚到香港参加贵州省轻纺产品展销。

6月，董酒厂举办首届安全知识大奖赛。省经委、省轻工业厅企管处到董酒厂进行国家二级企业验收。

7月，董酒厂党委召开庆祝中国共产党成立68周年座谈会。董酒厂宣布改选领导班子。本月董酒、董醇双获首届北京国际博览会金奖。

8月，董酒厂党委庆祝"八一"建军节62周年复退军人座谈会。省经委安全、设备、检查小组到董酒厂检查工作。厂党委召开思想政治工作会议，认真贯彻十三届四中全会精神。工厂召开安全工作会议，介绍道真芙蓉江酒厂火灾情况，部署本厂消防工作。遵义地市消防目标管理现场会在董酒厂召开，董酒厂获市安全工作先进单位。

9月6～8日，董酒厂特约经销客户座谈会在成都空军司令部驻遵办事处举行。陈锡初赴美国参加纽约国际产品展览。工厂召开能源节约会议。贵州省企业质量管理上等级评审小组到董酒厂验收，初评合格。贵州省安全工作复查组到董酒厂检查工作。厂工会举行庆祝国庆40周年歌咏比赛。

10月，厂党委贯彻执行制止国家干部、职工占地建私房的通知，组成厂清理建房小组。召开档案清理工作会议。董酒厂基干民兵连组建并召开成立大会。

11月，遵义市企业党委书记研究会首届年会召开。董酒、董醇荣获第五届评酒会国家优质酒金奖。

12月，召开质量、技术、生产工作协调会议。传达商业部在山西太原市召开全国各省十六个计划单列市17家国家名酒厂及主要烟酒公司关于名白酒计划衔接会议精神。遵义市企协、企业文化研究会在董酒厂召开。厂党委召开扩大会议，贯彻市委关于党风检查的通知，同时召开党内民主生活会。

1990年1月，厂党委民主生活会。评选1989年度先进集体和先进个人。厂长办公扩大会议，安排1990年工厂生产计划。召开12.13火灾救灾表彰会，对22名奋勇救灾的职工进行表彰和奖励。遵义市保险公司到董酒厂召开座谈会，颁发市保险先进单位称号证书。召开1990年度包装协调会。召开建厂老工人、老干部座谈会以及退休干部、工人春节座谈会。厂工会召开1989年度先进集体、先进个人表彰会。

2月，中层干部第一次会议，强管理、调机构，加强安全消防工作。党委召开党员干部会议，通报东欧演变，进一步坚定信念。董酒质量品评会，品评1984～1989年样品酒。召开董酒厂第五届职代会第一次会议。

3月，召开纪念"三八"国际妇女节座谈会。市承包调查组到董酒厂了解承包实施情况。厂长办公扩大会议，贯彻职代会意见。召开研究新产品董牌董酒的生产工艺和价格会议。召开1990年思想政治工作会议。

4月，1990年民主评议党员动员大会。厂工会组织开展锅炉安全知识大赛、安全法规、基础知识竞赛；安全法规、基础知识抢答赛，组织参加遵义市锅炉安全知识大奖赛。

5月，厂长办公扩大会，调整董酒生产、销售计划，把低档酒生产安排到酒精厂区。贵州省酒类行业国家二级企业互检互查组到董酒厂检查。王荣刚随中国酒类贸易代表团赴韩国考察。首届西南词作家会议代表参观董酒厂。

6月，厂长办公会研究扩建2 000吨董酒事宜。3417医院副主任以上医师18人到董酒厂为职工义诊。

7月，厂工会组织开展纪念建军节歌咏会。

8月，上海戏剧学院、上海电影学院、北京电影学院联合摄制组到董酒厂召开座谈会，为拍摄电视片《黔龙传人》作准备工作。召开更改食品标签内容会议。遵义市标准计量局到厂检查工作。关于合并啤酒厂，市政府、轻工局、财政局、税务局、审计局等领导参加会议。传达省长办公会议精神，同意地区行署关于董酒厂兼并遵义啤酒厂、习水酒厂和习水县其他酒厂的意见。制定董酒厂兼并啤酒厂可行性报告，召开调研汇报会议。五省七方联谊会代表到董酒厂参观。总调度室召开生产、质量、安全协调会议。《西方

"董酒王国"秘侦历险记》作者刘守忠到董酒厂体验生活。《城市改革与发展》（1990—1991）年会代表到董酒厂参观。四川、云南、广西、贵州等省部分市、县、体改办主任等42人到酒厂参观学习。召开董酒厂第三届党员代表大会。召开中层干部会议，针对旱情的生产安排。

9月，成立档案升级领导小组、财税领导小组、会计达标领导小组、企业复查领导小组。制定1991～1995年扩产董酒2 000吨，低度800吨技改计划会议。召开关于职工调资方案会议。召开行管人员会议，安排企业档案升级计划和会计达标工作。

10月，市企协年会在董酒厂召开。河北省书法家协会参观团20人参观董酒厂。档案培训班开学典礼。

11月，董酒厂特约经销点第二次座谈会在遵义宾馆召开。安顺酒厂60多人到厂参观。新疆自治区卫生代表团20人到厂参观。

12月，西南三省信息网络会议代表到厂参观。云南曲靖市代表团18人到厂联系合作问题。共青团贵州省委工作检查组到董酒厂参观学习。中共贵州省委书记刘正威一行20多人到厂视察。召开治保工作表彰会。遵义市人大代表到厂视察工作。省委组织部李部长、地委组织部马部长、市委组织部刘部长等到厂视察工作。

第九章 董酒文化

第一节 红军与董酒的传说

董酒的故事和传说有很多，比较真实的是红军买董酒的故事。1935年1月，红军长征路过董公寺。一开始，队伍最前面的是高度警惕的三个战士，持枪成品字形搜索前行。约300米后是20来人的小分队，也是手握钢枪，高度戒备。再往后就是大部队，四个人一排，都是步兵。步兵后边是骡马，有几匹骡子拉着炮。队伍的最后是炊事兵，三三两两的背着大铁桶锅和餐具。后来队伍断断续续，前后走了两天，也不知道有多少人。其中有一支部队在董公寺驻扎了两天。

国民党向来军纪松驰，士兵经常骚扰百姓。老百姓都觉得与土匪无异，真是兵匪一家，祸害四方。听说有队伍要来，大家也不知道来的是什么部队。地方当局也趁机造谣煽动，说红军长着红胡子、穿着黄衣服，来了就要共产共妻，还要拉兵派款。一时谣言四起、人心惶惶，人们急急忙忙埋东西、藏物品。镇上的百姓把贵重的物品和粮食全部埋藏起来，纷纷疏散到乡下和山中躲藏。镇上一位大爷在埋藏两罐董酒时，一不小心打破了一罐，顿时酒香四溢。小半天后，部队开始出现。从王大爷家门口路过时，酒香仍然很浓。战士们被酒香吸引，但都只是好奇地扭头看看、深吸几口，并没有停下来。

全镇除几个行动不便的老人看家外，其余人要不躲进附近山里，要不去乡下亲戚那里。红军大部队过后，驻扎下一支队伍。一个满脸大胡子、浓眉大眼的人和几位年轻的红军战士，找到了当地没有走的人了解情况。那位大胡子听说这里还产窖酒，就请这位当地人带领一位小战士去买。买回来后，那位大胡子连声说谢谢，说行军打仗，酒是好东西，可以给受伤的战士们消毒，也可以饮酒解乏。聊天中，大胡子尝了下酒，刚一入口就连连称赞道："不错！不错！这酒不错，叫什么酒？"当地人告诉是这里程幺爸家做的，叫董公寺窖酒。这位大胡子拿起酒瓶沉思了一会，又拿出几块大洋，叫小战士再去打几斤带上。后来，有人说遵义会议纪念馆墙上的照片中的大胡子（周恩来总理）就是当年吃过董酒的那位大胡子。

差不多一个月后，红军又回来了，在娄山关打了一场大仗。国民党的军队（王家烈部）溃退后，红军再次浩浩荡荡路过董公寺去遵义。几个红军女战士在街上问哪里有酒卖。老乡觉得奇怪，怎么女兵要吃酒？不过还是热心地指着街边的树林子说，程幺爸家有。过了几天，才听程幺爸家的伙计说，那些女兵买酒是为伤兵做手术时消毒用。她们把酒倒在碗里，点燃后，用火来烧手术刀，然后就给那些受伤的人取子弹。据说有个战士身负重伤，为了减少他的痛苦，女兵让他喝了点董酒，这个伤兵最后竟然奇迹般地活了过来。当时，董公寺街上设了收容归队站，娄山关战役受伤的战士都在董公寺寺庙和旁边的树林里接受简单护理。三三两两跟上来的轻伤员在这里用董酒消毒。有些脚上有血泡的，用针一挑，再用酒一擦，第二天继续行军。二月份的贵州天寒地冻，战士们衣着单薄，脚上穿的有布鞋、胶鞋，更多的是草鞋，许多战士到董公寺都喝上一两口董酒驱寒。也有些略懂中医的老兵会把董酒烧热倒在自己或者战友受伤的部位，再搓揉，用来治脱臼或者其他扭伤。三天后，战士们用担架把董公寺重伤兵都抬走了。临走时，战士们还到程幺爸的酒坊买走了很多壶董酒带上，说还要打大仗，用得上。（根据1982年83岁董公寺村民陈国华口述整理）。

▲长征中的红军

▲娄山关战斗遗址

第二节　董酒水源的传说

距离董公寺西北8公里的水口寺是酿造董酒的水源地，这里有许多喷泉，每个喷泉都有美丽的传说。根据当地老人的讲述，整理三则。

一、水眼泉的传说

很久很久以前，董公寺有一间酿酒作坊。作坊老板有一个儿子叫坤，名字源自《易经》中"地势坤，君子以厚德载物"，父亲意欲让他用美好品德成就一番大事业。坤是一个聪明好学的孩子，谁也没有他读的书多，世间上所发生的事情，他全在这些书本里读得到，在一些美丽的插图中看得见。不过有关酒的知识，这些书上却一字也没有提到，而这正是他最想知道的事。

当他还是一个孩子，但已经到了可以上学的时候，他的祖母曾告诉他：在酒的故乡，有一个美丽的大花园，花园里的每朵花是最甜的点心，每颗花蕊是最美的酒。花园里有一个酒花仙子，她珍藏着酿酒的百科全书。不过，美丽的酒花仙子是圣洁的，不容侵犯的。那时，他相信这话。他渐渐长大，变得更加聪明。他知道，酒乡花园的美景一定是很特殊的。

有一天，他独自来到郊外。黄昏时分，突然乌云密布，大雨倾盆，天空好像就是一个专门泻水的水闸。天很黑，黑得像在深井的黑夜一样。他一会儿在潮湿的草上滑一跤，一会儿在崎岖的山路上绊一下，迷迷糊糊中他迷失了方向……

也不知走了多少时候，阵阵香气迎风飘来。坤举目一望，葱绿的树木，起伏连绵的山峦，肥沃的土地上有许许多多美丽的花向他频频招手，从花蕊里散发出醉人的酒香。坤像是从梦中醒来，真不敢相信自己竟然置身于酒乡花园之中。顷刻，伴着阵阵清香，酒花仙子翩翩而来。她的衣服像太阳似地发着亮光，她的面孔是美丽和温柔的，如同一个慈祥的母亲面对自己的孩子似的。她后面跟着一群漂亮的姑娘，每人手上捧着一盏酒。坤喝着这些姑娘所倒出的、泛着泡沫的美酒，感到从来没有过的幸福。

夜幕降临了，喝得酩酊大醉的坤，心里突然出现一个奇怪的念头：我要看看她的睡姿，只要我不碰她，我就不会有什么过失。坤把树枝向两边分开，酒花仙子在花丛中已经睡着了，她的睡态是那样的美，那样的迷人，她在梦中发出微笑。他弯下腰来细细欣赏，他看见她的睫毛下有泪珠在滑落。

"你是在为我哭吗？"他柔声地说。"不要哭吧，你——美丽的女人！现在我可懂得我需要的是什么了。"

于是，他吻了她眼睛里的眼泪，他的嘴碰到她的唇。这时，一个震耳欲聋的雷声响起来了，谁都没有听到过这么可怕的声音。一切东西都沉陷了，沉陷得非常深。坤看到一切沉进夜中去，像雾一样渐渐散去。他全身感到死一般的寒冷。

后来，在坤沉陷的地方喷流出淙淙泉水。有人说这是坤忏悔的泪水，也有人说这是酒花仙子赠给坤的美酒。从此，作坊老板取此水酿酒，酿出来的酒清沏透明，幽香味长，在董公寺一带小有名气。人们称这个出水口为"水眼"。

二、龙眼泉的传说

在海的远处，水是那么蓝，像最美丽的矢车菊花瓣，同时又是那么清，像是明亮的水晶。然而它却很深很深，深得任何锚链都达不到底。太阳照射进水里，海底一切都非常清晰。在海里最深的地方是海龙王的宫殿。它的墙是用珊瑚砌成的，它那些尖顶的高窗子是用最亮的琥珀作成的，不过屋顶上却铺着黑色的蚌壳，它们随着水的流动可以自动地开合，真是好看极了。

海龙王有五个王子，最小的五王子长得英俊潇洒，但性情古怪，不大爱讲话，总是静静地在想什么东西。他最大的乐趣是听些关于人的故事。他的父王不得不把自己所知道的一切关于人类的故事讲给他听。使他感兴趣的一件事情是地上的人类能酿制出醇香甘甜的美酒。

"等你们满十五岁的时候"，父王说："我就准许你们到海面去，你就可以看到树林和城镇，看到鲜花和美酒"。

五个王子谁也没有比小王子更加渴望到陆地上看看，而他恰恰要等待得最久，但他仍是那么地沉默。不知有多少夜晚，他站在开着的窗子旁边，透过深蓝色的水朝上面凝望，遐想着大地上的一切。

这一年，五王子年满十五岁了。父王同意他离开龙宫，到他向往的地方去。但父王告诉他，最多只能在陆地上呆三天（海里三天，地上就是三年），如果不按时返回，你将化成水。

小王子痛快地答应了父王，离开深居的海洋，只身来到地面，来到人聚居的地方。五彩缤纷的田野、郁郁葱葱的树木、连绵起伏的山峦……一切的一切，他都感到新鲜、好奇。他的第一个想法，就是寻找生产美酒的地方。他翻过崇山峻岭，爬过崎岖山路，走访了一个又一个村庄，最后来到"龙山寺"的地方，找到了一家酿酒作坊。他终于品尝了这人间美酒，令他万分愉悦、神魂颠倒。

于是，他在作坊住下来，拜作坊的酒师为师，跟他学习造酒的技艺。小王子勤奋好学，很快掌握了制酒、调味等手艺，他调出的酒，色、香、味俱佳，深受当地村民的欢迎，这个酒坊的生意也日益兴隆。

转眼，三年的时间就要到了，小王子正想告别师傅返回龙宫之时，当地却突发罕见的旱灾，河水干枯了，田地裂缝了，村里仅有的一个水潭也干得快见底了。村民们每天排着长长的队，去等一点救命的水。酒坊只得停产，全村百姓被水威胁着。

眼看着干旱将吞噬村庄，将毁灭美酒和制造美酒的人们，善良的王子心都碎了。他要想个办法救救人们。这时，父王的临别之言在耳边响起：如果不按期返回，他将化成水。是返回龙宫和家人团聚，还是留在村庄挽救他们？王子选择了后者。

于是他给师父讲了他的身世，并表明了自己要留下来挽救大家的心意，师父并没有同意他的做法，帮他打点行装，送他出了村子。

第二天，天才蒙蒙亮，师父就听到村子里欢声四起，地下冒水了，村民得救了。师父出去一看，从已经干枯的潭底，冒出股股清泉，小王子穿的衣服挂在潭边的树上。师父什么都明白了，他老泪纵横，面朝东方，双膝跪地，用颤抖的声音向全村父老讲了小王子舍身救村民的故事。

"善良的王子啊，你是我们的救命恩人。泉水啊泉水，你是龙的化身，你是幸福的源泉。我们一定用它造出更多更美的酒，为人类造福"。

从此，龙山寺一带的人民，勤劳垦种，兼营造酒业，一代比一代兴盛。为纪念小王子，村民们把这个出水眼取名叫"龙眼泉"。

三、珍珠泉的传说

多少年以前，董公寺住着一个以酿酒为生的农民。他有十个孩子，"十满"是最小的孩子。他十分可爱，全村的人都喜欢他。十满是一个快乐的孩子，他最好的玩伴是同村富农的女儿"九妹"。她像一朵鲜花一样可爱，笑起来更漂亮。她爱上了十满，十满也爱她。但是，他们没有用语言表达出来。他心变得沉重起来，只有看见九妹的时候，他才高兴。

他们两个人在一起的时候虽然不说话，但充满了快乐。但他却从没有私下吐出一个字来表达他的爱情。"关于这件事，他可以对我表示一点想法呀！"九妹想，而且她想得也有道理。"如果他不开口的话，我就得刺激他一下。"

不久，村庄上就流传着一个谣言，说城里有一个最富有的人向九妹求婚。有一天晚上，九妹的手指上戴上了一个金戒指，她来征求十满意见。

"订婚了？"他问。

"你知道跟谁订婚了吗？"她并不回答他的问题。

"是不是跟城里一个有钱的人？"他又问。

"你猜对了!"她说，点了一下头，于是就溜走了。

十满回到家里，像一个霜打的茄子，精神恍惚，他拿起背包离家出走了。可怜的九妹，没想到一个玩笑的结果会是这样的。她主动来到十满家，承担起做儿媳的义务，她照料公婆，经管酒坛，等待着十满回来。

等啊等啊，几年过去了，十满音讯全无。九妹听信邻居的话，去拜访了村里那个算命的"半仙"。"半仙"说，必须用七颗珍珠，分别泡在七坛好酒里，泡上七七四十九天，把泡好的酒，撒在田间地头、房前屋后，驱走瘴气，十满才能回来。

　　诚实的九妹，拿出所有的积蓄，换回七颗珍珠交给了"半仙"。九妹和公婆天天等、夜夜盼，四十九天到了，可"半仙"却携着珍珠逃跑了，九妹追到了水口寺附近，忽然下起了倾盆大雨，山路湿滑，做贼心虚的"半仙"，连人带珍珠一齐陷进了深渊。痴心的九妹，仍然相信珍珠泡酒的方法。她每天带着一壶酒到珍珠遗落的地方，焚香敬酒，默默地等待着十满归来。这样过去了不知多少日子，美丽的九妹青春逝去了，皱纹已悄悄地爬上了她的额头。

　　有一天，九妹还像每天一样把酒洒向珍珠陷落的地方，地下突然喷出水来，像千万颗珍珠，竞相争流汇聚成河，河面上慢慢托起个人来。惊呆的九妹一看："十满，是十满，我的十满回来了"。

　　这对经历了一段不同寻常苦难折磨的恋人终于团聚了，他们紧紧地拥抱在一起。人们把这个遗落珍珠的地方涌出的泉水命名为珍珠泉。十满和九妹结为了夫妻，十满继承父辈留下的造酒技艺，取珍珠泉之水，造出了颇有名气的窖酒。

第三节 蜈蚣单及金龙镇酒的传说

董酒是中国唯一使用中草药参与酿造而又不是药酒的国家名酒，在酿造工艺中使用了两个密方，一个是制大曲的"产香单"，另一个是制小曲的"百草单"，百草单也称为"蜈蚣单"。据程国华老先生讲述，这源于董酒的发明人程明坤梦中得到李时珍指点。民间流传程老板为振兴家业、酿制美酒，广泛收集做酒药的各种药单，经过他经年累月的试制，最后形成了自用的百草单，成功地制出了小曲（酒药）。但酒中药味太重，且产量还极不稳定。他从大曲大窖上下了功夫，仍然不见效果。程明坤为此茶不思饭不想，反复试验，也没有多大改善。酒的销路也日渐衰落，为此伤透脑筋，总是长吁短叹，逢人便说这百思不解的难题。一位村民与他开玩笑，你怎么不拜拜药仙李时珍，请他指点一二。程明坤苦于无奈，有病乱投医，便听信村老劝告，沐浴吃斋三天，焚香拜告药师李时珍在天之灵。精诚所至，金石为开，后来竟然真的感动了这位神灵，在一个月明风清的夜晚，李时珍在梦中接见了程老板，指点他修改了配方，即在他原有配方的基础上加入极少量泡制蜈蚣，可避酒中药味。程氏梦醒之后立即修改了配方，一实验果然酒质大为改善。为纪念这梦中李时珍的指点，遂将"百草单"更名为"蜈蚣单"。

董酒的第一代商标，在四角上各有一条"龙"，张牙舞爪，栩栩如生。龙体以靛蓝色线条勾勒成，通体白色，从色彩上看，不如叫"玉龙"或"白龙"贴切。可人们源出"龙皆金黄"而习惯称之为"金龙"，将"湘江"牌董酒称之为"金龙"董酒。它的设计不是无中生有，而是源于民间传说"金龙镇酒"的故事。在云与水组成的"天河"中，有一股涓涓的美酒，常年气味芬芳，据说每年的蟠桃会，总少不了它。它用迷人的芳香倾倒了不少的大仙，赤脚大仙便是之一。要想吃到这样的美酒并不容易，每年才只有这么一次，于是赤脚大仙乘众人皆被陶醉的机会，取了一坛酒，偷下人间，将玉坛埋在了"龙山寺"附近，时时下来自取其乐。后来被玉帝察觉，责罚了大

仙。可天上的仙器一旦接触了人间土地，就难以取走，于是就派了龙来镇守
这坛美酒，防止凡人来吃，谁知这条龙竟受不了那使人神魂颠倒的芳香，终
于醉倒在玉坛旁。玉帝便又派了三条龙来协助，让它们各守一面，按东、
西、南、北四个方位分别镇守，达到万无一失的目的。谁知这四条龙都被那
酒的香气所诱惑，完完全全忘记了玉帝"不留芳香在人间"的圣旨，都被醇
美和浓郁的美酒所醉倒。虽然四条龙最后都被玉帝赶回海里，但那玉坛被打
开之后，就再也无法堵上了。

第四节　阅董苑——醉美的酒企

　　董苑是董酒厂的一座苏式园林，位于厂中心区，总占地面积五千二百平方米。1985年董酒两千吨扩建工程时将这块天然山石组成的小山坡留下来，1988年底扩建工程基本成型后，厂即委托江苏常州园林绿化管理局现场设计，由贵阳市园林局和遵义市园林局共同审核，特邀江苏武进康乐装饰公司施工，于1990年四月竣工，并勒石纪念，碑文由王荣刚先生撰写，名为《建董苑小记》，碑文如下：

　　董公寺地处贵州高原主体北端，古播州今遵义市北郊，为高原之低山丘陵与宽谷盆地带，雄奇、秀美兼而有之，阴晴冷暖顺时而至，山川形胜，草木丰美，泉香溪冽，人物俊逸。

　　董公寺一带早为酒乡，酿酒史可上溯千年，至清未，则已小曲酒作坊遍布。有世家程氏后人程明坤，集本地酿酒技艺之精华，擅水土之灵气，采端阳百草，取名贵中药，梦出"蜈蚣单""产香单"，遂有了独特的大小曲配方，独特的双醅串蒸酿造工艺，为别具一格的董酒奠定了坚实的工艺基础。

　　斗转星移，董酒历尽兴衰，几至绝迹，于一九五六年遵义酒精厂遣陈锡初等人在董公寺原地恢复生产。次年，国务院总理办公室批示，"董酒色、香味均佳，建议当地政府予以恢复发展"。由此建立董酒车间，后一九七六年六月一日正式建立董酒厂。建厂之初，五十三人，两佰元现金，一旧办公桌，一片荒芜土地，董酒人自此起步，殷勤辛苦，奋力拼搏，于今已人才济济，经济效益显著，产量亦从当年之八十吨至现今之三千吨。

　　董酒自恢复生产以来，工艺不断完善，质量精益求精，一九六三年全国第二届评酒会，评为"中国名酒"，跨入中国八大名酒行列，荣获金奖。一九七九年（第三届），一九八四年（第四届），一九八八年（第五届）连续评为"中国名酒"。

董酒别树一帜，位尊其他香型之冠，独步海内外，声誉日高，知音日众。

董酒知音，有身居高位之革命前辈，有名满天下之作家、诗人、艺术家，有才识兼备风度翩翩之贤士达人。他们将一腔爱董酒、懂董酒之情意泼就墨宝，吟成翰藻文章。

缘于人生易老，物华易衰，唯情难移，文章字画不朽，故于此几石几松几竹处建董苑，镌碑文，遗下今日之董酒知音与董酒人的厚意，以待远来者领略一二；议论一二；回忆一二；弘扬一二，足矣！

贵州遵义董酒厂

公元一九九〇年元月

▲董苑

▲董苑正门

▲董苑醉亭

▲董苑醒亭

▲董苑石碑

第十章 董酒收藏图鉴

左　红城牌董酒，俗称火炬董。1975年，60%vol，540ml。
　　图为出厂原貌，裸瓶外裹纸张。

右　红城牌董酒，俗称火炬董。1980年，60%vol，540ml。

左　红城牌玉香液。约1977年。55%vol，540ml。

右　董牌董酒，俗称黑边金字董。1981年，59%vol，540ml。

左　董牌董酒，俗称蓝董。1982年，59%vol，540ml。

右　董牌董酒，俗称绿瓶白董。

　　常见于1984年，此瓶为1982年，59%vol，540ml。

左　塑盖飞天牌董酒。1981年，59%vol，540ml。

　　图为出厂原貌，裸瓶外用绵纸包裹。

中　铝盖飞天牌董酒。1985年，59%vol，540ml。

右　铝盖董牌董酒，俗称白董。1987年，59%vol，500ml。

塑盖董牌董酒礼盒，俗称白董。约1985年，59%vol，250ml×2。

塑盖董牌董酒礼盒，俗称白董。约1985年，59%vol，125mlX4。

左　塑盖董牌董酒，俗称白董。1984年，59%vol，250ml。

右　铝盖董牌董酒，俗称白董。1987年，59%vol，250ml。

左　铝盖董牌董酒，俗称白董。1987年，59%vol，125ml。

右　铝盖董牌董酒，俗称白董。1988年，59%vol，50ml。

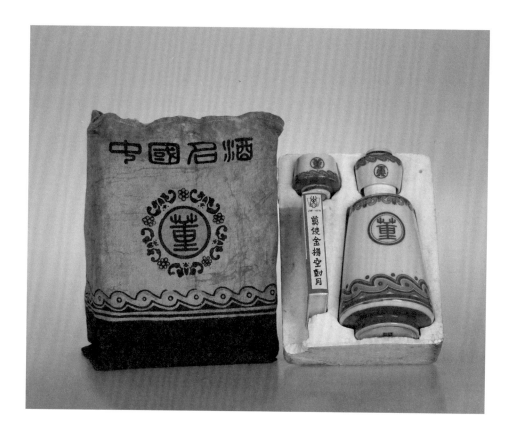

董牌青花瓷董酒，俗称布袋青花董。约1989年，59%vol，500ml。

左　董牌董酒，俗称红字方董。1990年，59%vol，500ml。

右　飞天牌董酒，1992年，59%vol，500ml。

左　董牌红标董酒，俗称食品标签奖章红董。

正标，1991年，59%vol，500ml。

右　董牌红标董酒，俗称食品标签奖章红董。

背标，1991年，59%vol，500ml。

左　董牌褐标董酒，俗称食品标签奖章褐董。

正标，1991年，59%vol，500ml。

右　董牌褐标董酒，俗称食品标签奖章褐董。

背标，1991年，59%vol，500ml。

董牌红标董酒，俗称金边食品标签奖章董。

1991年，59%vol，500ml。

董牌青花瓷董酒，1995年，54%vol，500ml。

董牌20年特制陈酿紫砂瓶董酒，1996年，54%vol，600ml。

董牌红标董酒，1993年，59%vol，500ml。

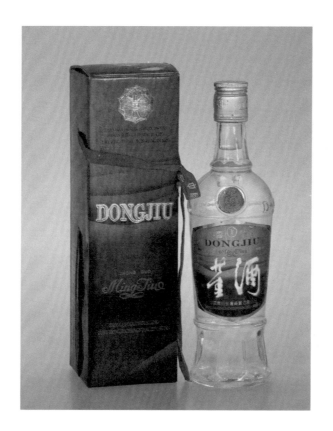

董牌褐标董酒，1994年，59%vol，500ml。

董牌棱格扁瓶礼盒董酒，1995年，54%vol，500mlx2。

董牌青花瓷董酒，1998年，54%vol，500ml。

左　董牌褐标董酒，2000年，50%vol，500ml。

右　董牌红褐渐变色标董酒，2000年，50%vol，500ml。

左　董牌扇形瓶董酒，1995年，59%vol，500ml。

右　董牌特制扇董，1996年，46%vol，500ml。

左　董牌褐标董酒酒版礼盒，1995年，59%vol，50ml×2。

右　董牌金边黑标董酒酒版，1996年，59%vol，50ml。

左　董牌红标董酒酒版，1993年，59％vol，50ml。

右　董牌红标董酒礼盒，1993年，59％vol，125mlx2。

左　董牌塑盖董窖，1987年，58%vol，500ml。

中　董牌铝盖董窖，1989年，58%vol，500ml。

右　董牌铝盖董窖，1991年，58%vol，500ml。

左　乳山牌梅岭春酒，吉林省国营梅河口市酿酒厂生产，
　　1988年，54%vol，450ml。
　　中国最北部采用董酒工艺的董香型白酒。
右　同上。

左　曲靖牌云春酒，云南曲靖市酒厂生产，1988年，54%vol，500ml。
中国最南部采用董酒工艺的董香型白酒。

中　同上。

右　曲靖牌云春酒，云南曲靖市酒厂生产，约1986年，54%vol，500ml。

左　冷色外盒、标塑盖圆瓶曲靖牌云春酒，云南曲靖市酒厂生产，
　　约1989年，54%vol，500ml。

右　暖色外盒、标塑盖圆瓶曲靖牌云春酒，云南曲靖市酒厂生产，
　　约1989年，54%vol，500ml。

左　黔北牌黔北老窖，遵义黔北窖酒厂生产，
　　约1986年，59%vol，500ml。程家后人为酒师。

右　程字牌程字老窖，遵义董公寺程字酒厂生产，
　　约1991年，59%vol，500ml。程家后人为酒师。

左　黑色程酒，2018年，59%vol，500ml。贵州程酒酒业公司。

　　程家后人为酒师。传统老董香酒工艺酿制。

右　程酒，2017年，59%vol，500ml。贵州程酒酒业公司。

　　程家后人为酒师。传统老董香酒工艺酿制。

左　红色程迷酒，2021年，59%vol，500ml。贵州程酒酒业公司。
　　程家后人为酒师。原董酒厂员工认为完整再现了上世纪八十年代
　　白董装瓶时的典型风格。

右　牛年、虎年等程迷酒，2020年前后，59%vol，500ml。
　　贵州程酒酒业公司。程家后人为酒师。

参考文献

1. 贾翘彦.董串香工艺的探讨[J].酿酒科技,1981年第4期.

2. 贾翘彦.确立董酒为"董型"白酒的研究报告[J].酿酒科技,1999年第5期.

3. 刘平忠.董酒史话.遵义文史.工作笔记手稿等

4. 沈怡方.白酒生产技术全书[M]北京:中国轻工业出版社,2017.

5. 董公寺镇志,2015.

6. 徐兴海.周全霞.胡付照.酒与酒文化[M]北京:中国轻工业出版社,2018.

7. 周恒刚.沈怡方.曹述舜.高明月.酿酒全国白酒评酒资料,1985.

8. 徐占成.名优白酒尝评勾兑调味工艺学讲义（内部资料）,1987.

后 记

我是十余年前接触到老的董酒，初遇便着迷并一发不可收拾。当时国内老酒收藏才蹒跚起步，主要是实物交易，兴趣点也多在鉴伪断代，对于工艺传承、风格流变等探讨并不多。当时包括老董酒在内的老酒价格都不贵，虽然收入不高，但也几乎可以任性大快朵颐。"清米浓酱、压轴董香""董酒跑酒不跑味""董酒的黄金酒度是59度"等陋见，就是基于海量喝老董的体验而琢磨并胡诌出来的。

喜欢一个人自然会留心她的一切。但对于传统工艺老董香，是什么、哪里来、何处去？等等，当时所能找到的资料，并不能全部说清，甚至谬误不少。如网上所传"1963年第二届评酒会上董香型以"香艳露骚、味浓丰润的独特口感"云云便是其一。以20世纪60年代的红色语境而言，这样资产阶级气息浓厚的用词，断断是难以在全国的评酒会上出现。而较真遍查下来，其出处除语焉不详的网文外，第二、三届评酒会所刊印的资料及当事人所忆，均确无。这样的例子并不鲜见，另外一个影响更广的谬误便是1993年前后董酒制曲药单中"虎胶"有无的说法（这一话题过于复杂，需要另外专门撰文才能说清）。能确证的资料，除贾翘彦先生等刊于《酿酒》等杂志关于董香型白酒的学术论文外，其余主要是刘平忠先生散见于《遵义文史》等资料中关于董酒及其始创人程明坤先生的故事，间或在《山花》等杂志中可见关于老厂长陈锡初先生的报告文学。虽然这些资料已经能够较为清晰地描述了董香型白酒始于程明坤先生、光大于陈锡初先生，也旁证了集大成者为贾翘彦先生、整理记述者为刘平忠先生，但只能说骨架略备，而血肉有待丰满。

资料收集山穷水尽，但人物寻访却柳暗花明，异彩缤纷。方长仲老先生是老董酒车间的第一代大学生，虽然早早就调到贵州省二轻工业厅担任领导职务，但始终视老董酒厂为自己第二故乡。方老年逾古稀，但酒量和性情一样豪爽。对老董酒的人与事，了如指掌，如数家珍，让我受益匪浅。董香泰斗贾翘彦先生自1964年始，在董香界耕耘终生，对传统工艺老董香的酿造规范、香型定型等功莫大焉。其平和谦逊，有问必答，答皆详备，对我的指点提携，让我对董香大到认知小到品鉴，都有质的飞跃。原董酒厂副厂长王荣强、杨仁厚、晏懋炎、晏叔义、蔡大华（按姓氏笔画排序）和原董酒二分厂厂长"二哥"等诸先生，还有原董酒厂酒研所所长高军莉大姐等许多董酒厂老员工，他们都是当年董酒的酿造者，也是老董酒厂的建设者，更是传奇老董香故事的参与者，他们都给了我热情无私的帮助。甚至有时他们无意聊到的只言片语，都能让我茅塞顿开，解开一些困惑很久的问题。陈锡初老厂长和刘平忠先生已经故去，但他们的后代陈元勇先生和刘滨先生，无论是居高位还是为巨贾，对老董香的感情都一脉相承，这次更为本书撰写了文章，为本书增光添彩不少。

董香始创人程明坤先生后人中，一直严守家训酿造传统老董香白酒的不在少数。目前资质齐备的有程老先生嫡孙女程大平及其夫周增权先生名下的董宛酿酒公司。周增权、程大平夫妇不仅酒库对我洞开得尽尝其美，其几十年酿造心得也从不藏私，让我对传统董香的酿造有更多感性认识。其他程家后人也无世家积习而具世家风骨，或寡言或热情，但一聊到程老先生或者老董香，眼睛都会亮起来。

这些名家巨匠脾气各异，但都有几个共同特点：一是对老董酒的感情真挚深厚。对我而言，痴迷老董只是一个爱好。但对他们而言，是过往的生活，甚至是最美好的年华；二是每个人都有一肚子关于老董的知识和故事。我们这些爱好者在网上孜孜检索希冀解惑的，都只是他们的经历，是他们的日常。三是都友善谦和，待人真诚。对我的贸然打扰请教不戒备不设防，热情耐心细致。

在寻访求教的过程中，收获甚巨。但也了解到由于种种阴差阳错的原因，留存下来的老董酒厂档案资料有限，甚至产品序列中各包装起用的具体时间都已无从可考。就在我不自量力构思本书时，又结识了酒文化收藏家和资深研究者郑宪玉先生。郑先生醉心酒文化多年，所藏资料甚丰，尤于中国白酒传承、流变颇有研究。董酒为"老八大"名酒之一，自然也在郑先生兴趣范围内。同时，郑先生还有不少源出刘平忠先生等所编的一手资料。承蒙郑先生认可，我俩遂戮力共同编写此书。刘滨先生闻讯后，慷慨将其父刘平忠老先生手稿等悉数赠与我。让我备受感动、鼓舞和鞭策。同时，老酒收藏圈内各位，如前辈肖强先生，友人于光、赵浚、洪柱辉、国庆信、孙振田等，在老董酒的样品、实物等方面，给予了我们无私的帮助。书中酒样图片，均为友人广西摄影家协会副主席蓝建强先生及其工作室所摄。在这里一并致谢！

伯罗奔尼撒战争史中记载的一场战斗，临阵的英雄说：我们只管奋勇作战，故事让后人去说。我想，对于程明坤先生，方长仲、贾翘彦、陈锡初、王荣强、杨仁厚、晏叔义、晏懋炎、蔡大华、刘平忠、高军莉等等老一代董酒人，以及坚守传统老董香工艺的周增权、程大平等程家后人来说，也是如此。不同的是，除了故事，还有老董酒的醇香，无言叙说。

同样，这本书也是。所不同的，主要是我才识粗浅，致使错漏不少，郑先生虽殚精竭虑，也未必能幸免。在这里，恳请大家批评指正。

肖琐洪

2021年12月21日

版权声明

本书知识产权委托上海云昊知识产权服务有限公司负责。

上海云昊知识产权服务有限公司由行业资深律师创办，位于国家级经济开发区——上海市漕河泾开发区。是一家集专利、商标、版权、科技项目和法律服务于一体的综合性服务机构，为各类企业提供一站式知识产权服务。公司秉承"专业、高效、诚实"的服务理念，指导企业进行知识产权"确权""用权"和"维权"，致力于帮助企业在发展各阶段进行权利主张和利益维护。

周律师：18916037888